饲料配方集萃
科普系列丛书

科学自配饲料

肉鸡 饲料调制

加工与配方集萃

张海军 编著

U0349065

中国农业科学技术出版社

图书在版编目（CIP）数据

肉鸡饲料调制加工与配方集萃/张海军编著. —北京：
中国农业科学技术出版社，2013.2
（饲料配方集萃科普系列丛书）
ISBN 978－7－5116－1196－3

Ⅰ.①肉…　Ⅱ.①张…　Ⅲ.①肉用鸡－饲料－配制　Ⅳ.①S831.5

中国版本图书馆 CIP 数据核字（2013）第 011006 号

责任编辑　徐　毅
责任校对　贾晓红　郭苗苗

出版发行　中国农业科学技术出版社
　　　　　北京市中关村南大街 12 号　邮编：100081
电　　话　（010）82106631（科普编辑室）
　　　　　（010）82109702（发行部）
　　　　　（010）82109709（读者服务部）传真（010）82106631
社 网 址　http://www.castp.cn
印　　刷　北京华正印刷有限公司
开　　本　850mm×1168mm　1/32
印　　张　7.5
字　　数　190 千字
版　　次　2013 年 2 月第一版　2013 年 2 月第一次印刷
定　　价　18.00 元

饲料配方集萃科普系列丛书

《肉鸡饲料调制加工与配方集萃》
编委会

编委会主任　刁其玉

编委会委员　刁其玉　王　恬　王之盛

张乃峰　张海军　姜成钢

武书庚　屠　焰　薛　敏

主　　编　张海军

副 主 编　岳洪源　武书庚

编 写 人 员　(以姓氏笔画为序)

王　晶　杨金玉　刘明锋

周　梁

序

    中国的畜禽养殖量居世界各国首位，多种畜产品的产量为世界第一。目前，我国畜禽饲养量的60%以上来自中小型养殖场及个体或家庭养殖，60%以上的饲料生产于中小型饲料厂，在畜牧业发达国家仍然有近一半的畜禽来自中小型养殖场，我国的农业人口比例很大，畜产品生产将在很长一段时间内来自广大农区的中小型企业，畜禽生产和饲料加工销售涉及运输半径，因此，中小型企业将有很长的生命力。针对广大中小型养殖场和饲料加工企业及个体养殖户，编写这套丛书，读者通过学习本套书籍可以在短期内达到"照方抓药"或者"照葫芦画瓢"的目的，可以根据所养殖的动物品种和所处的生理阶段，依据当地所产的饲料原料情况，提出配方并配制出合理的饲料或日粮，饲喂动物后在提高生产性能和降低饲料成本以及增加牛免疫功能方面产生明显的效果。

    科学的饲料配方至少有两个特点，其一是配制好的饲料可以满足动物维持和生产所需要的基本营养素，如能量、粗蛋白、粗纤维、矿物质、维生素等，使动物的生产潜力得到充分发挥；其二是配制饲料的原料主要来源于当地所生产的单一饲料或农副产品，成本较低。饲料成本占家畜成本的60%以上，饲料配制和

1

供给合理了，就意味着动物养殖的成功在望。

中国地域辽阔，自然环境差别很大，一方水土养一方人，也养一方动物，不存在一种万能的适宜饲料，各地应根据所养动物的品种和当地的饲料原料特点，配制适应性强的饲料，达到较好的生产目的，生产出优质的肉、蛋、奶等畜产品，面对我国的现实情况和从业人员的专业知识，本着科学性、实用性和可操作性的原则，我们组织编写这套"饲料配方集萃科普系列丛书"，丛书包括《奶牛饲料调制加工与配方集萃》《肉牛饲料调制加工与配方集萃》《肉羊饲料调制加工与配方集萃》《蛋鸡饲料调制加工与配方集萃》《肉鸡饲料调制加工与配方集萃》《鸭鹅饲料调制加工与配方集萃》《猪饲料调制加工与配方集萃》和《水产饲料调制加工与配方集萃》8册。

本套丛书的编者主要来自长期在本领域从事科研、教学和生产实际的专家和教授，他们有坚实的理论基础和丰富的生产实际经验，丛书中的很多配方是他们经过生产实践探索出来的，具有可操作性。尽管这样，书中不当之处仍然在所难免，敬请广大读者批评指正。

刁其玉

2012 年 11 月

前　言

　　鸡肉是公认的最经济的肉类蛋白质来源。与猪肉、牛肉相比，鸡肉的饲料转化率最高。每生产 1kg 肉，猪肉需要消耗饲料 3.5kg 左右，牛肉则需 6~7kg 饲料，而鸡肉仅消耗饲料约 1.8kg。在美国、巴西、加拿大、澳大利亚等国家，鸡肉已经发展成为超过猪肉、牛肉的第一大肉类消费品。伴随着中国经济的高速发展，肉鸡产业发展迅速，生产总量显著增长，肉鸡出栏量从 1985 年的 13 亿只增加到 2011 年的近 90 亿只，鸡肉产量从 1985 年的 110 万吨增加到 2011 年的 1 300 余万吨。目前，鸡肉在中国已成为仅次于猪肉的第二大肉类消费品。中国经济以每年 8% 以上的速度递增，城市化进程也以每年 1.5%~2% 的速度发展。城市化进程加快，城镇居民人口将持续增加，鸡肉消费需求也必将不断扩大。

　　虽然中国已成为世界第二大肉鸡生产国，但与国际先进的肉鸡产业国相比，在生产水平方面仍有较大的差距。农户个体养殖模式在我国肉鸡养殖业中仍然占有相当大的比例，年出栏 2 000~10 000 只养殖场（户）出栏肉鸡数约占我国肉鸡出栏总数的 1/3。个体养殖模式主要集中在城乡结合地带及广大农村，市场竞争力弱，从业者的技术水平急需提高。近年来，国家大力推行畜牧业规模化标准化建设，为农户个体养殖的发展提供了良好机遇。

在肉鸡生产中，饲料占其总成本的70%以上，饲料的质量和成本直接关系到肉鸡的生产成绩和最终的养殖效益。养殖户由于缺乏饲料营养和饲料配方方面的基础知识，在面对变幻莫测的养殖行情和复杂多变的饲料原料市场时，往往比较迷茫，不知该如何及时有效地应对。根据养殖行情和当地饲料原料市场情况，因地制宜地合理选择饲料原料，及时调整全价配合饲料的营养标准，采用适宜的饲料配方，是保证养殖效益的重要途径和推行规模化养殖的重要技术支撑。

本书立足于通俗性和实用性，将全书内容分为肉鸡的生物学特性和品种、饲料营养素与饲养标准、饲料加工调制、饲料配方制作和饲料配方实例等章。本书首先介绍肉鸡的生物学特性和列举国内饲养的肉鸡常用品种，其次是饲料营养基础和饲料加工调制基础，饲料营养基础包括营养素、饲料原料营养价值以及肉鸡饲养标准，加工和调制基础包括各种类型原料调制加工方法及注意事项，再次为饲料配方部分，从饲料原料选择、饲料配制原则及饲料配方计算方法等几方面展开，最后是各种类型饲料配方的示例和汇编，以供读者借鉴和参考。希望养殖户在读完本书后能够理解如何合理地选择和使用饲料原料，学会简单的饲料配制和农副产品综合利用方法，提高从业水平，增加肉鸡养殖的效益。

　　由于作者的实践经历有限，知识的深度和广度均有限，撰写时间较仓促，因此，本书难免有不足与疏漏之处，恳请读者不吝赐教。

　　本书的出版得到国家科技支撑计划课题、家禽产业技术体系北京市创新团队和农业公益性行业科研专项资金资助，特此致谢！

编　者
2012 年 12 月于北京

目 录

第一章 肉鸡生物学特性和品种 …………………… (1)
　1 肉鸡的生物学特性 ……………………………… (1)
　2 肉鸡品种 ………………………………………… (3)
第二章 营养素与饲养标准 ………………………… (8)
　第一节 营养素 …………………………………… (8)
　　1 碳水化合物 …………………………………… (8)
　　2 脂肪 …………………………………………… (9)
　　3 蛋白质 ………………………………………… (9)
　　4 维生素 ……………………………………… (10)
　　5 矿物元素 …………………………………… (12)
　　6 水 …………………………………………… (14)
　第二节 肉鸡常用饲料原料及营养价值表 ……… (15)
　　1 肉鸡饲料成分及营养价值表（第22版）…… (16)
　　2 美国 Feedstuff（2011）肉鸡饲料成分与
　　　营养价值表 ………………………………… (26)
　第三节 肉鸡营养需要与饲养标准 ……………… (34)
　　1 中国（NY/T 33—2004）………………… (34)
　　2 美国 NRC（1994）………………………… (41)
　　3 《实用家禽营养》（第三版）推荐值 ……… (42)
　　4 陕西省推荐标准：畜禽复合
　　　预混合饲料（DB61/T 392—2009）……… (44)
　　5 福建省推荐标准：土鸡放养技术规范
　　　（DB35/T 1084—2010） ………………… (45)

6 肉鸡的阶段划分 ……………………………………（46）

第三章 饲料加工调制 ……………………………………（48）

第一节 饲料加工调制设备与工艺 …………………（48）

1 接收初筛 ………………………………………（49）

2 粉碎 ……………………………………………（50）

3 输送 ……………………………………………（50）

4 配料 ……………………………………………（51）

5 混合 ……………………………………………（52）

6 制粒 ……………………………………………（53）

7 包装储存 ………………………………………（54）

第二节 各类饲料加工调制方法 ……………………（55）

1 能量饲料 ………………………………………（55）

2 蛋白质饲料 ……………………………………（55）

3 矿物质饲料 ……………………………………（56）

4 微量元素预混合饲料 …………………………（56）

5 维生素饲料 ……………………………………（58）

6 添加剂饲料 ……………………………………（59）

7 预混合饲料 ……………………………………（59）

第三节 肉鸡饲料加工调制特点及注意事项 ………（60）

1 肉鸡饲料加工调制特点 ………………………（60）

2 肉鸡饲料加工调制注意事项 …………………（61）

第四章 饲料配方基础 ……………………………………（63）

第一节 饲料原料的基本要求 ………………………（63）

1 饲料原料的购进及接收要求 …………………（63）

2 取样检查 ………………………………………（64）

第二节 肉鸡的常用饲料原料营养特点 ……………（64）

1 常用饲料原料营养特点 ………………………（65）

2 部分常见原料掺假识别 ………………………（71）

第三节　饲料配方设计原则 ………………………（73）

　　1　饲料配方设计的一般原则 …………………（73）

　　2　饲料配方设计的注意事项 …………………（75）

　　3　肉鸡饲料配方设计要点 ……………………（77）

第四节　饲料配方制作方法 …………………（79）

　　1　预混合饲料 …………………………………（79）

　　2　全价配合饲料 ………………………………（83）

　　3　浓缩饲料 ……………………………………（88）

　　4　肉鸡饲料配方设计发展动向 ………………（91）

　　5　饲料配方制作重在实践积累 ………………（91）

第五章　肉鸡饲料配方集 ……………………（93）

第一节　预混合饲料配方 ……………………（93）

　　1　微量元素预混合饲料 ………………………（93）

　　2　复合预混合饲料 ……………………………（94）

第二节　配合饲料配方 ………………………（96）

　　1　肉小鸡配合饲料配方 ………………………（96）

　　2　肉中鸡配合饲料配方 ………………………（140）

　　3　肉大鸡配合饲料配方 ………………………（193）

　　4　部分品种参考配方 …………………………（218）

　　5　国外参考配方 ………………………………（220）

主要参考文献 ……………………………………（225）

第一章　肉鸡生物学特性和品种

1　肉鸡的生物学特性

　　繁殖力强，种苗成本低。每只肉种鸡每年可产种蛋150枚以上，可繁殖雏鸡120只以上。与哺乳动物不同，与许多家禽一样，肉种鸡蛋采用人工孵化，从而解放了种母鸡，使其能产生更多的后代，从下表可以看出种母鸡每年繁殖的后代相当于其自身体重的几十到几百倍，而种母猪仅8倍、种母牛还不到1倍。繁殖力常常是制约动物生产的重要因素之一，肉种鸡的繁殖力强，必然降低其种苗成本，这是肉鸡生产的一个重要优势。

表　动物繁殖力比较

种用动物	体重	一年可提供的商品后代	是自身体重的倍数
肉种鸡	2.5~5kg	300kg	60~150倍
种母猪	250kg	2 000kg	8倍
种母牛	500kg	400kg	0.8倍

　　成雏早。鸡形目动物的一个重要生物学特性就是早成性，

出壳后的肉鸡全身布满绒毛，睁眼，羽毛风干后即可独立行走，独立觅食，躲避敌害。出壳后的雏鸡把胚胎时期没有利用完的卵黄吸收到腹腔内，出壳后的雏鸡 2 天内不饮水、吃料，不影响其今后的生长发育。这些条件为人工育雏奠定了基础。

新陈代谢旺盛、基础体温高。鸡的体温（正常 41.5℃）较高，出雏前 10 天的体温低于正常体温 3℃ 左右，需要人工补温。肉鸡在 4 周龄时，已经对环境温度有较宽的适应范围，但最适温度为 25℃，比同日龄蛋鸡所需要的温度低。肉鸡的新陈代谢（心率、呼吸频率、生长速度）高于家畜和蛋鸡，故肉鸡对饲料营养（高能量、高蛋白、其他营养素水平相应提高）和氧气需要比蛋鸡和家畜高。

消化系统结构特殊。鸡没有牙齿和唇，采食依靠角质化的味啄食，机械消化主要在肌胃进行。自然觅食情况下，鸡会采食一些砂粒，以帮助肌胃磨碎食物。因此，肉鸡饲料以粒状为好，饲料中的钙源饲料也最好是粒状。因为，硬质钙源不仅能够提供钙质，且有助于饲料消化。肉鸡的消化系统发达，肠道粗，肝脏大，消化吸收能力强，但对饲料中粗纤维的消化利用率低。饲料中的粗纤维含量会影响饲料的营养水平和对饲料的消化率。所以，肉鸡饲料中的粗纤维含量不宜过高。肉鸡的消化道短，饲料在体内通过的时间短，每天的喂料次数多，喂料间隔短，一般采用自由采食。

生长速度快，饲料利用率高。肉仔鸡生长速度快已经成为公认，现在白羽肉鸡 5~6 周龄即可达到 2kg 以上，该特性决定肉仔鸡需要的饲料营养浓度较高。肉鸡的饲料利用率高，是一种节粮型动物。快大型肉仔鸡的料肉比为 2:1，甚至更低，优质肉鸡的料肉比平均为 2.8:1。

体重小、屠宰率高。肉鸡的屠宰率一般为 90% 左右，可食部分占活重的 62%。肉鸡体重小，便于家庭冰箱保存，一个家庭通常一天即可消费一只肉鸡。肉鸡的生产成本较低，是一种廉价的动物性食品，也是快餐业的重要原料。

抗病力差。鸡的生理结构较特殊，呼吸系统由鼻、喉、气管、肺、气囊组成，呼吸过程呈双呼吸式。鸡与其他动物相比较容易发生通过呼吸系统感染的呼吸道病。鸡的胸腔和腹腔无横隔膜，腹腔感染的疾病易引起胸腔发生病变。此外，肉鸡在整个生长期几乎都处于雏鸡阶段，其淋巴系统不健全，病原体进入鸡体后，由于自身抵抗能力差，易引起全群发病。因此，肉鸡饲养过程中，鸡病的预防尤为重要。但若饲养管理、饲料配合适当，其成活率高达98%。

对外界环境的变化反应敏感，易惊群。优质肉鸡的饲养环境应保持安静稳定，以促进其正常生长发育，降低因意外造成的伤亡。肉鸡皮嫩骨脆，易引起挫伤、挂伤和腿病。

合群性和定位性。肉鸡具有合群性，在驱赶时，肉鸡总是挤在一起，向同一个方向移动，受到惊吓或寒冷，肉鸡容易扎堆而造成位于中间或下面的鸡热死或闷死。肉鸡在采食时，位置相对固定。所以如果料槽、水被分布不均匀或者抽走部分料槽、水槽，则会出现因局部肉鸡的料槽或水槽位置不足的问题，而导致生长不均匀。

羽毛生长速度慢。由于肉鸡发育较快，往往羽毛的发育较差。季节因素也会影响到羽毛的生长。天气炎热会使肉鸡羽毛发育更差。这样对肉鸡的销售会产生一些影响。

2　肉鸡品种

国内饲养的肉鸡品种主要有快大型白羽肉鸡、地方优质黄羽肉鸡、肉杂鸡等。

2.1　白羽肉鸡

白羽肉鸡主要是指快大型肉鸡，是我国肉鸡生产主导品种，主要品种包括：罗斯308或508、科宝（Cobb）500、爱拔益加（AA＋）和海波罗等。近年来，我国白羽肉鸡产业长足发展，生产总量显著增长，成为我国畜牧业不可或缺的产业之一，也越来越成为农民主要经济来源。优势区域：山东、辽宁、吉林、河南、河北等省。白羽肉鸡的特点是生长速度快，饲养周期短，出栏时平均体重大。

快大肉鸡不好动，爱俯卧。快大型肉鸡不易发生啄癖，但由于不爱活动，长期用胸部伏卧于地上，所以容易发生胸部囊肿。肉鸡的腿病多，不仅与生长速度和各部分的发育不协调有关，也与肉鸡不爱活动有关。

罗斯308的突出特点是体质健壮，成活率高，增重速度快，出肉率高和饲料转化率高。商品代雏鸡可以羽速自别雌雄，商品肉鸡适合全鸡、分割和深加工之需，出肉率高。畅销世界市场。公母混养42天体重可达到2.6kg，料肉比1.8：1。

科宝500（Cobb 500）是美国泰臣食品国际家禽分割公司培育的白羽肉鸡品种。其特点为生长快，均匀度好，肌肉丰满，胸肌产量高。据目前测定，40～45日龄上市，体重达2 000g以上，全期成活率95.2%；屠宰率高，45日龄公母鸡平均半净膛屠宰率85.05%，全净膛率为79.38%，胸腿肌率31.57%。

AA白羽肉鸡是爱拔益加肉鸡的简称，又叫双A鸡。是由美国爱拔益加育种公司培育的肉鸡品种。其特点为生长快、耗料少、耐粗饲、适应性和抗病力强。该鸡羽毛纯白、体型大、适应性较强。在一般的饲养管理条件下，育雏成活率可达98%，生长较快。目前，该品种在国内白羽肉用鸡中，占有很大比重。商品鸡羽毛整齐。均匀度好。

艾维茵白羽肉鸡。该品种由美国艾维茵国际家禽育种有限公司培育。该鸡是我国目前白羽肉仔鸡中分布最广、饲养量最大的肉鸡种之一。该品种是选用了产蛋高的母系鸡与成活率高、增重快的父系鸡育成的品系配套肉鸡。它具有很强的抗逆性，在一般的饲养管理条件下，育雏成活率可达98%以上；增重快，饲养周期短，饲料转化率高。羽毛呈白色，皮肤为黄色，肉质细腻鲜美。

彼德逊白羽肉鸡。是美国彼德逊公司推出的白羽肉鸡品种。父母代种母鸡24周龄体重为2.57～2.38kg。

2.2 黄羽肉鸡

黄羽肉鸡主要指我国地方品种血统的杂交鸡。优质黄羽肉鸡的主要品种有：三黄胡须鸡、清远麻鸡、石歧杂鸡、广东黄鸡、新浦东鸡、北京油鸡、北京黄鸡、固始鸡、桃源鸡、清远麻鸡、红宝鸡、安卡鸡、海佩科鸡等。一般生长周期在7～15周，出栏体重为1.4～2.5kg，料肉比为（2.3～3.5）∶1。虽然黄鸡的生长周期长，料肉比高，可在市场上仍具有一定的竞争力，深受广大养殖户喜爱。与白羽快速生长的肉仔鸡相比，优质黄羽肉鸡生长速度慢、周期长。

中国黄鸡从长速上可分为3种类型：即快长型、仿优质型和优质型3种，呈现多元化的分布，不同的市场对长速和外观具有不同的要求。

快长型市场以长江中下游省市为代表的上海、江苏、浙江、安徽市场，要求49日龄公母平均上市体重1.3～1.5 kg。该市场对生长速度要求较高，对"三黄"特征要求较为次要。受饮食习惯的影响，饲养者喜欢饲养公雏。

仿优质型市场以香港市场和广东珠江三角洲为代表。该市场以母鸡为主，其生产的公雏销往外省区。要母鸡80～100日龄上市，体重1.5～2.0kg。对"三黄"特征要求较高，上市的鸡只要求冠红而大，毛色光亮。胫的黄度要求达到罗氏比色扇10度左右，为此，饲料生产商在饲料中添加较多的色素。

优质型市场以广西壮族自治区（以下简称广西）、广东湛江地区和部分广州市场为代表，要求小母鸡90～120日龄，体重1.1～1.5kg，冠红而大，羽色光亮，胫较细。这种类型的鸡一般未经杂交改良，以广西和清远的地方鸡种为主。

石岐杂肉鸡。产于广东省中山市，母鸡体羽麻黄、公鸡红黄羽、胫黄，皮肤橙黄色。

新兴黄鸡2号。华南农大与温氏南方家禽育种有限公司合作培育，抗逆性强，能适应粗放管理，毛色、体型均匀一致。

岭南黄鸡。是广东农科院畜牧研究所培育的黄羽肉鸡，具有生产性能高、抗逆性强、体型外貌美观、肉质好和"三黄"特征。

狄高红羽肉鸡。澳大利亚狄高公司培育的肉用鸡种。父母代母鸡24周龄体重为2.5kg，66周龄体重为3～3.5kg。肉料比为1：1.77。

红波罗红羽肉鸡。又名红宝，是加拿大谢弗种鸡有限公司培育的红羽肉用鸡种。该品种具有黄喙、黄脚、黄皮肤的"三黄"特征。父母代母鸡24周龄体重2.22～2.38kg。66周龄体重3.0～3.2kg。肉料比1：2.2。

海佩科红羽肉鸡。荷兰培育的肉用鸡种。羽毛大部分为红色，杂有少许白羽。64周龄体重3.4～3.5kg，总耗料51.5～53.5kg。

2.3 肉杂鸡

种蛋经商品代蛋鸡与快大型父母代公鸡杂交生产出，以产肉为主，在温度，湿度，通风和光照等方面的管理皆与大中型肉鸡基本相同，所不同的是由于杂交优势，此品种在整个饲养过程中基本上没有腹水症，胸骨囊肿，腿病等的发生，并可加大饲养密度以提高设备利用率。肉杂鸡由于生长速度相对适中，鸡肉紧实，皮肤结实度好，适宜做烧鸡、扒鸡等特色食品。肉杂鸡包括"红肉杂"和"白肉杂"两大类。"红肉杂"是使用黄羽或麻羽优质肉鸡的种公鸡与褐壳蛋鸡的商品代母鸡进行杂交所产生的后代，后代的羽毛颜色以黄、红、麻等有色羽为主；"白肉杂"是使用白羽快大型肉鸡（如 AA、艾维茵等）的种公鸡和褐壳蛋鸡的商品代母鸡进行杂交所产生的后代，其后代羽色以白或白羽及其他有色羽混杂的毛色为主。

第二章　营养素与饲养标准

第一节　营养素

营养素是指能在动物体内消化吸收、供给能量、构成体质及调节生理机能的物质。动物需要的营养素有蛋白质、脂肪、碳水化合物（糖类）、维生素、矿物质和水 6 类。营养物质是动物维持生命和正常生产过程中不可缺少的物质。

1　碳水化合物

肉鸡饲料中的碳水化合物大部分由谷物提供。

碳水化合物的生理功能：

①体组织细胞的组成成分；②能量的主要来源；③是合成体脂的重要原料；④合成非必需氨基酸提供碳架；⑤可改善饲料蛋白质的利用。

2　脂肪

肉鸡饲料中的脂肪主要由植物油、动物油脂或动植物混合油脂提供。

脂肪的生理功能：①组织细胞的组成成分；②提供能量；③促进脂溶性的维生素的吸收和在体内运输；④提供机体生长必需的脂肪酸；⑤作为某些激素和维生素的合成原料；⑥节省蛋白质，提高饲料蛋白质的利用率。

必需脂肪酸：动物体必需的脂肪酸，在体内不能合成或合成量太少不能满足机体需要，必须由饲料供给，这些不饱和脂肪酸即称为必需脂肪酸。即亚油酸、亚麻酸、花生四烯酸。

必需脂肪酸的功能：①必需脂肪酸参与磷脂的合成，并以磷脂形成作为细胞生物膜的组成成分；②与类脂胆固醇的代谢密切相关；③在动物体内代谢转化为一系列长链多不饱和脂肪酸，形成强抗凝结固子，发挥抗血栓形成和抗动脉粥样硬化的作用；④与精子生成有关；⑤为前列腺素合成的原料。

3　蛋白质

肉鸡饲料中的蛋白质主要来源于植物饼粕和动物性原料，能量饲料也提供部分蛋白质。

蛋白质的生理功能：①供体组织（肌肉）蛋白质的更新、修复以及维持体蛋白质现状；②用于生长生产（体质蛋白的增加，羽毛及产蛋）；③作为部分能量来源；④组成机体各种激素和酶类等具有特殊生物学功能的物质。

组成蛋白质的氨基酸有 22 种，家禽的必需氨基酸有 11 种，即赖氨酸、蛋氨酸、色氨酸、苯丙氨酸、缬氨酸、苏氨酸、亮氨酸、异亮氨酸、组氨酸、精氨酸、胱氨酸；还有丝氨酸、酪氨酸和胱氨酸等为半必需氨基酸，它们分别由甘氨酸、苯丙氨酸和蛋氨酸转化而成。

家禽能合成甘氨酸，但不能满足机体需要。

实际日粮中，蛋氨酸在提供甲基供体方面能替代胆碱，而色氨酸能用来合成烟酸。

因氨基酸价格较高，而维生素相对便宜，故可用维生素适当过量添加来满足。

4　维生素

有机化学分子（含碳），既不能供给能量，也不能形成动物机体的结构物质，虽然在机体内含量很少，但为正常组织的健康发育、生长和维持所必需，主要以辅酶和催化剂的形式参与代谢过程中的生化反应，保证细胞结构和功能的正常。

根据溶解性不同，维生素可分为脂溶性维生素和水溶性维生素。

脂溶性维生素：A（维生素）、D（钙化醇）、E（生育酚）、K（甲萘醌）。

水溶性维生素：B_1（硫胺素）、B_2（核黄素）、B_3（泛酸）、B_4（胆碱）、B_5（烟酸/烟酰胺）、B_6（吡哆醇）、B_7（生物素）、B_{11}（叶酸）、B_{12}（钴胺素），以及维生素C。

各种维生素的主要功能分别为：

维生素A：①促进黏多糖的合成，维持细胞膜及上皮组织的完整性和正常的通透性。②参与构成视觉细胞内感光物质（视紫红质），对维持视网膜的感光性有着重要作用。

维生素D：①提高肌体对钙、磷的吸收，使血浆钙和血浆磷的水平达到饱和程度。②促进生长和骨骼钙化，促进牙齿健全。③通过肠壁增加磷的吸收，并通过肾小管增加磷的再吸收。④维持血液中柠檬酸盐的正常水平。⑤防止氨基酸通过肾脏损失。

维生素 E：①抗不育。②抗氧化剂，使细胞膜上的不饱和脂肪酸免受氧化，从而保持细胞膜的完整性和正常功能；保护巯基不被氧化而保护许多酶的活性。③保护红细胞膜，使之增加对溶血性物质的抵抗力。④调节组织呼吸和氧化磷酸化过程；并促进甲状腺激素（TH）、促肾上腺皮质激素（ACTH）以及促进性腺激素的产生。

维生素 K：参与凝血作用，促进肝脏合成凝血酶原及凝血因子。

维生素 B_1：①保持循环、消化、神经和肌内正常功能。②调整胃肠道的功能。③构成脱羧酶的辅酶，参加糖的代谢。

维生素 B_2：体内许多重要辅酶类的组成成分，这些酶能在体内物质代谢过程中传递氢，它还是蛋白质、糖、脂肪酸代谢和能量利用与组成所必需的物质。能促进生长发育，保护眼睛、皮肤的健康。

维生素 B_3：维持消化系统健康，同时，也是性荷尔蒙合成不可缺少的物质。

维生素 B_5：抗应激、抗寒冷、抗感染、防止某些抗生素的毒性。

维生素 B_6 与氨基酸代谢有密切关系，主要有以下几个方面：①B_6 在体内与磷酸结合成磷酸吡哆或磷酸吡哆胺，它们是转氨酸的辅酶。②B_6 为含硫氨基酸及色氨酸正常代谢所必需，色氨酸在转变为烟酸的过程中也需要维生素 B_6。③B_6 能增加氨基酸的吸收速度，提高氨基酸的消化率。

生物素：体内许多羧化酶的辅酶，参与物质代谢过程中的羧化反应。

叶酸：又名抗贫血因子，在体内经叶酸还原酸催化加氢成为四氢叶酸，是机体一碳基团转移酶的辅酶，而一碳基团的转移与嘌呤、嘧啶的合成及氨基酸代谢的关系十分密切。

维生素 B_{12}：参与体内一碳基团的代谢，是传递甲基的辅酶，其作用是与叶酸相联系的。

维生素 C 在体内的生理作用极为广泛：①维生素 C 是合成胶原和黏多糖等细胞间质的必需物质。②维生素 C 能使体内氧化型谷胱甘肽转变为还原型谷胱甘肽，从而起到保护酶的活性 SH 基，解除重金属毒性的作用。③维生素 C 作为一种还原剂，参与体内的氧化还原反应。④参与体内其他代谢反应，如在叶酸转变为四氢叶酸、酪氨酸代谢及肾上腺皮质激素合成过程中都需要维生素 C；肠道对铁的吸收也需要维生素 C。

5 矿物元素

矿物元素为无机分子（不含碳），需要量较小，大于维生素，同样为维持机体健康和组织生长所必需。

常量元素：Ca、P、K、Na、Cl、Mg、S。

微量元素：Fe、Cu、Co、Zn、Mn、Se、I、Mo、F、Cr、Cd、Si、Ni、As、Ab、Br 等。

钙、磷、镁与骨骼的硬度有关，钙为神经传导、血液凝固、心脏收缩等生理过程所必需，还可调节细胞膜的通透性。磷、硫、锌、镁是软骨组织的重要成分；锌、氟及硅在蛋白质及脂肪的代谢过程所必需。钒调节胆固醇合成；铜、铁与血红蛋白形成有关。矿物元素作为酶的辅酶或非特异性激活剂而调节酶活性。此外，矿物元素作为酶的辅助因子生成能量的酶促反应。如钙、镁、磷、锰、钒在三磷酸腺苷（ATP）等分子中的高能键形成中发挥作用。

钙：骨骼和牙齿的主要成分，神经传导，凝血，多种酶的激活剂或抑制剂等。缺钙幼龄动物佝偻病，成年动物软骨症或骨质疏松症。

磷：骨骼和牙齿的主要成分，参与代谢，高能磷酸键贮存能量，细胞膜和血液中缓冲物质的成分、是 RNA、DNA 及 CoI

的成分。

镁：①70%的Mg以磷酸盐与碳酸盐的形式存在于骨骼和牙齿中，25%左右的Mg与蛋白质结合成络合物存在于软组织的细胞中；②Mg与某些酶的活性有关，是焦磷酸酶、胆碱酯酶，三磷酸腺苷酶和肽酶等多种酶的激活剂，在糖和蛋白质代谢中起重要作用；③一定浓度的Mg能保证神经、肌肉器官的正常机能，浓度低时，神经、肌肉兴奋性提高，浓度高时则抑制。

钠与氯：①分布于细胞外液中，是维持细胞外液渗透压平衡与酸碱平衡的主要离子；②钠和其他离子一起参与维持正常神经与肌肉的兴奋性，对心肌活动起调节作用；③氯与氢离子结合成盐酸，可激活胃蛋白质酶，并保持胃液呈酸性，具有杀菌作用。

钾：①和钠、氯及重碳酸盐离子共同维持细胞液渗透压和保持细胞容积；②参与缓冲系统的形成，维持酸碱平衡；③是维持神经和肌肉的兴奋性不可缺少的因素；④通过影响葡萄糖吸收，来影响碳水化合物代谢。

硫：通过体物内的含硫有机物起作用，如含硫氨基酸合成体蛋白，被毛及多种激素，硫胺素参与碳水化合代谢。

铁：是血红蛋白、肌红蛋白、细胞色素酶和多种氧化酶的成分，其主要功能是作为氧的载体以保证体组织内氧的正常输送并与细胞内生物氧化过程有密切关系。

铜：多种酶如Fe氧化酶，氨基酸氧化酶，过氧化物、歧化酶和细胞色素氧化酶等的构成成分。生理功能极其多样化：骨骼的构成，红细胞的生长、被毛色素的沉着等，均有适量的铜存在。

锰：①参与形成骨骼基质中的硫酸软骨等，是骨的正常形成所必需；②是催化胆固醇合成所不可缺少的因素，当缺Mn时胆固醇合成减少，会引起性激素缺乏，影响正常的繁殖功能；③是许多酶的激活剂，参与蛋白质、糖类和核酸代谢。

锌：①是多种酶的组成成分或激活剂，如碱性磷酸酶、碳酸酐酶、乳酸脱氢酶、谷氨酸脱氢酶及羧肽酶等；②与 RNA、DNA 及蛋白质的生物合成有关；③是胰岛素的组成成分，参与碳水化合物的代谢。

碘：构成甲状腺素，甲状腺素是调节机体新陈代谢的重要物质，对于动物体的健康、生长和繁殖均有重要影响。

硒：①是谷胱甘肽过氧化物酶的主要成分，具有抗氧化作用；②影响脂肪和脂溶性维生素的吸收；③促进蛋白质合成；④参与辅酶 A 和辅酶 Q 的合成，同时还是与电子转移有关的细胞色素的组分。

钴：①主要是作为维生素 B_{12} 的构成成分而发挥其作用；②还可作为磷酸葡萄糖变位酶和精氨酸酶等的激活剂。家禽大肠中的微生物也可利用钴合成维生素 B_{12}，但合成的数量非常少。在一般情况下，肉鸡所需的维生素 B_{12} 需由日粮供给。

一般家禽日粮中常添加矿物元素有石粉、磷酸氢钙、硫酸铜、硫酸亚铁、硫酸锰、硫酸锌、亚硒酸钠、碘化钾等。

6 水

水为生命之源，为一切生命体生存所必需。

水的生理功能：①体内的重要溶剂；②各种生化反应的媒介；③对体温调节起重要作用；④具有润滑作用；⑤维持组织、器官的正常形态。

优质清洁的饮水在任何时期均必须充足供应。家禽每采食 1kg 饲料干物质约需水 2~3kg。

当动物体失去占体重 1%~2% 的水时，开始有渴感，如果失水达到 10%，则可引起代谢紊乱，如果超过 20%，则会引起死亡。缺水最初表现为食欲减退，采食量下降；以后随着时间的延长，渴感更为强烈，此时出现食欲废绝，消化机能迟缓直至完全丧失，机体免疫力下降。缺水 12 小时会造成生长迟缓，缺水 36 小时死亡率会急剧增加。优质水源要求可溶性固形物不超过 2 500mg/kg，硝酸盐和亚硝酸盐低于 100mg/kg，碱度低于 1 000mg/kg。

第二节　肉鸡常用饲料原料及营养价值表

根据营养的特点，肉鸡常用饲料原料大致可分为能量饲料、蛋白质饲料、维生素饲料、矿物质饲料和饲料添加剂等。根据农业部 1773 号公告，可以分为谷物及其加工产品、油料籽实及其加工产品、豆科作物籽实及其加工产品、块茎、块根及其加工产品、其他籽实、果实类产品及其加工产品、饲草、粗饲料及其加工产品、其他植物、藻类及其加工产品、乳制品及其副产品、陆生动物产品及其副产品、鱼、其他水生生物及其副产品、矿物质、微生物发酵产品及副产品、其他饲料原料等十几类。我国自 1990 年起，每年均会组织专家完善饲料中的饲料成分与营养价值数据，对饲料原料的生物学效价数据进行相应调整，目前，最新的《中国饲料成分及营养价值表》为 2011 年的第 22 版。国外的一些农业机构和大型农牧公司也会定期修订或发布相应的饲料营养数据库或饲料成分表。以下节录了《中国饲料成分及营养价值表》（第 22 版）和美国 Feedstuff（2011）中肉鸡饲料原料营养成分表中的部分数据，以供参考。

1 肉鸡饲料成分及营养价值表（第22版）（表2-1、表2-2）

表2-1 饲料常规成分与有效能

序号	中国饲料号 CFN	饲料名称 Feed Name	干物质 DM(%)	粗蛋白 CP(%)	鸡代谢能 ME (Mcal/kg)	(MJ/kg)	钙 Ca(%)	总磷 P(%)	有效磷 A-P(%)
1	4-07-0278	玉米	86.0	9.4	3.18	13.31	0.09	0.22	0.09
2	4-07-0288	玉米	86.0	8.5	3.25	13.60	0.16	0.25	0.09
3	4-07-0279	玉米	86.0	8.7	3.24	13.56	0.02	0.27	0.11
4	4-07-0280	玉米	86.0	7.8	3.22	13.47	0.02	0.27	0.11
5	4-07-0272	高粱	86.0	9.0	2.94	12.30	0.13	0.36	0.12
6	4-07-0270	小麦	88.0	13.4	3.04	12.72	0.17	0.41	0.13
7	4-07-0274	大麦(裸)	87.0	13.0	2.68	11.21	0.04	0.39	0.13
8	4-07-0277	大麦(皮)	87.0	11.0	2.70	11.30	0.09	0.33	0.12
9	4-07-0281	黑麦	88.0	11.0	2.69	11.25	0.05	0.30	0.11
10	4-07-0273	稻谷	86.0	7.8	2.63	11.00	0.03	0.36	0.15
11	4-07-0276	糙米	87.0	8.8	3.36	14.06	0.03	0.35	0.13
12	4-07-0275	碎米	88.0	10.4	3.40	14.23	0.06	0.35	0.12
13	4-07-0479	粟(谷子)	86.5	9.7	2.84	11.88	0.12	0.30	0.09
14	4-04-0067	木薯干	87.0	2.5	2.96	12.38	0.27	0.09	—
15	4-04-0068	甘薯干	87.0	4.0	2.34	9.79	0.19	0.02	—

续表

序号	中国饲料号 CFN	饲料名称 Feed Name	干物质 DM(%)	粗蛋白 CP(%)	鸡代谢能 ME (Mcal/kg)	(MJ/kg)	钙 Ca(%)	总磷 P(%)	有效磷 A－P(%)
16	4-08-0104	次粉	88.0	15.4	3.05	12.76	0.08	0.48	0.15
17	4-08-0105	次粉	87.0	13.6	2.99	12.51	0.08	0.48	0.15
18	4-08-0069	小麦麸	87.0	15.7	1.36	5.69	0.11	0.92	0.28
19	4-08-0070	小麦麸	87.0	14.3	1.35	5.65	0.10	0.93	0.28
20	4-08-0041	米糠	87.0	12.8	2.68	11.21	0.07	1.43	0.20
21	4-10-0025	米糠饼	88.0	14.7	2.43	10.17	0.14	1.69	0.24
22	4-10-0018	米糠粕	87.0	15.1	1.98	8.28	0.15	1.82	0.25
23	5-09-0127	大豆	87.0	35.5	3.24	13.56	0.27	0.48	0.14
24	5-09-0128	全脂大豆	88.0	35.5	3.75	15.69	0.32	0.40	0.14
25	5-10-0241	大豆饼	89.0	41.8	2.52	10.54	0.31	0.50	0.17
26	5-10-0103	大豆粕	89.0	47.9	2.53	10.58	0.34	0.65	0.22
27	5-10-0102	大豆粕	89.0	44.2	2.39	10.00	0.33	0.62	0.21
28	5-10-0118	棉籽饼	88.0	36.3	2.16	9.04	0.21	0.83	0.28
29	5-10-0119	棉籽粕	90.0	47.0	1.86	7.78	0.25	1.10	0.38
30	5-10-0117	棉籽粕	90.0	43.5	2.03	8.49	0.28	1.04	0.36
31	5-10-0220	棉籽蛋白	92.0	51.1	2.16	9.04	0.29	0.89	0.29
32	5-10-0183	菜籽饼	88.0	35.7	1.95	8.16	0.59	0.96	0.33
33	5-10-0121	菜籽粕	88.0	38.6	1.77	7.41	0.65	1.02	0.35

续表

序号	中国饲料号 CFN	饲料名称 Feed Name	干物质 DM(%)	粗蛋白 CP(%)	鸡代谢能 ME (Mcal/kg)	(MJ/kg)	钙 Ca(%)	总磷 P(%)	有效磷 A−P(%)
34	5-10-0116	花生仁饼	88.0	44.7	2.78	11.63	0.25	0.53	0.16
35	5-10-0115	花生仁粕	88.0	47.8	2.60	10.88	0.27	0.56	0.17
36	5-10-0031	向日葵仁饼	88.0	29.0	1.59	6.65	0.24	0.87	0.22
37	5-10-0242	向日葵仁粕	88.0	36.5	2.32	9.71	0.27	1.13	0.29
38	5-10-0243	向日葵仁粕	88.0	33.6	2.03	8.49	0.26	1.03	0.26
39	5-10-0119	亚麻仁饼	88.0	32.2	1.90	7.95	0.39	0.88	—
40	5-10-0120	亚麻仁粕	88.0	34.8	2.14	8.95	0.42	0.95	—
41	5-10-0246	芝麻饼	92.0	39.2	3.88	16.23	2.24	1.19	0.22
42	5-11-0001	玉米蛋白粉	90.1	63.5	3.41	14.27	0.07	0.44	0.16
43	5-11-0002	玉米蛋白粉	91.2	51.3	3.18	13.31	0.06	0.42	0.15
44	5-11-0008	玉米蛋白粉	89.9	44.3	2.02	8.45	0.12	0.50	0.31
45	5-11-0003	玉米蛋白饲料	88.0	19.3	2.24	9.37	0.15	0.70	0.17
46	4-10-0026	玉米胚芽饼	90.0	16.7	2.07	8.66	0.04	0.50	0.15
47	4-10-0244	玉米胚芽粕	90.0	20.8	2.20	9.20	0.06	0.50	0.15
48	5-11-0007	DDGS	89.2	27.5	3.47	14.52	0.05	0.71	0.48
49	5-11-0009	蚕豆粉浆蛋白粉	88.0	66.3	1.41	5.90	0.00	0.59	0.18
50	5-11-0004	麦芽根	89.7	28.3	3.10	12.97	0.22	0.73	—
51	5-13-0044	鱼粉(CP 67%)	92.4	67.0	2.82	11.80	4.56	2.88	2.88

续表

序号	中国饲料号 CFN	饲料名称 Feed Name	干物质 DM(%)	粗蛋白 CP(%)	鸡代谢能 ME (Mcal/kg)	(MJ/kg)	钙 Ca(%)	总磷 P(%)	有效磷 A-P(%)
52	5-13-0046	鱼粉(CP 60.2%)	90.0	60.2	2.90	12.13	4.04	2.90	2.90
53	5-13-0077	鱼粉(CP 53.5%)	90.0	53.5	2.46	10.29	5.88	3.20	3.20
54	5-13-0036	血粉	88.0	82.8	2.73	11.42	0.29	0.31	0.31
55	5-13-0037	羽毛粉	88.0	77.9	1.48	6.19	0.20	0.68	0.68
56	5-13-0038	皮革粉	88.0	74.7	2.38	9.96	4.40	0.15	0.15
57	5-13-0047	肉骨粉	93.0	50.0	2.20	9.20	9.20	4.70	4.70
58	5-13-0048	肉粉	94.0	54.0	0.97	4.06	7.69	3.88	3.88
59	1-05-0074	苜蓿草粉(CP 19%)	87.0	19.1	0.87	3.64	1.40	0.51	0.51
60	1-05-0075	苜蓿草粉(CP 17%)	87.0	17.2	0.84	3.51	1.52	0.22	0.22
61	1-05-0076	苜蓿草粉(CP 14%~15%)	87.0	14.3	2.37	9.92	1.34	0.19	0.19
62	5-11-0005	啤酒糟	88.0	24.3	2.52	10.54	0.32	0.42	0.14
63	7-15-0001	啤酒酵母	91.7	52.4	2.73	11.42	0.16	1.02	0.46
64	4-13-0075	乳清粉	94.0	12.0	4.13	17.28	0.87	0.79	0.79
65	5-01-0162	酪蛋白	91.0	84.4	2.36	9.87	0.36	0.32	0.32
66	5-14-0503	明胶	90.0	88.6	2.69	11.25	0.49	0.00	0.00
67	4-06-0076	牛奶乳糖	96.0	3.5	2.70	11.30	0.52	0.62	0.62
68	4-06-0077	乳糖	96.0	0.3	3.08	12.89	0.00	0.00	0.00
69	4-06-0078	葡萄糖	90.0	0.3	3.90	16.32	0.00	0.00	0.00

续表

序号	中国饲料号 CFN	饲料名称 Feed Name	干物质 DM(%)	粗蛋白 CP(%)	鸡代谢能 ME (Mcal/kg)	(MJ/kg)	钙 Ca(%)	总磷 P(%)	有效磷 A-P(%)
70	4-06-0079	蔗糖	99.0	0.0	3.16	13.22	0.04	0.01	0.01
71	4-02-0889	玉米淀粉	99.0	0.3	7.78	32.55	0.00	0.03	0.01
72	4-17-0001	牛油	99.0	0.0	9.11	38.11	0.00	0.00	0.00
73	4-17-0002	猪油	99.0	0.0	9.36	39.16	0.00	0.00	0.00
74	4-17-0003	家禽脂肪	99.0	0.0	8.45	35.35	0.00	0.00	0.00
75	4-17-0004	鱼油	99.0	0.0	9.21	38.53	0.00	0.00	0.00
76	4-17-0005	菜籽油	99.0	0.0	9.66	40.42	0.00	0.00	0.00
77	4-17-0006	玉米油	99.0	0.0	8.81	36.83	0.00	0.00	0.00
78	4-17-0007	椰子油	99.0	0.0	9.05	37.87	0.00	0.00	0.00
79	4-17-0008	棉籽油	99.0	0.0	5.80	24.27	0.00	0.00	0.00
80	4-17-0009	橄榄油	99.0	0.0	9.36	39.16	0.00	0.00	0.00
81	4-17-0010	花生油	99.0	0.0	8.48	35.48	0.00	0.00	0.00
82	4-17-0011	芝麻油	99.0	0.0	8.37	35.02	0.00	0.00	0.00
83	4-17-0012	大豆油	99.0	0.0	9.66	40.42	0.00	0.00	0.00
84	4-17-0013	葵花油	99.0	0.0	—	—	0.00	0.00	0.00

表 2-2 饲料中氨基酸含量

序号	中国饲料号 CFN	饲料名称 Feed Name	干物质 DM(%)	粗蛋白 CP(%)	精氨酸 Arg(%)	组氨酸 Hia(%)	异亮氨酸 Ile(%)	亮氨酸 Leu(%)	赖氨酸 Lys(%)	蛋氨酸 Met(%)	胱氨酸 Cys(%)	苯丙氨酸 Phe(%)	酪氨酸 Tys(%)	苏氨酸 Thr(%)	色氨酸 Trp(%)	缬氨酸 Val(%)
1	4-07-0278	玉米 corn grain	86.0	9.4	0.38	0.23	0.26	1.03	0.26	0.19	0.22	0.43	0.34	0.31	0.08	0.40
2	4-07-0288	玉米 corn grain	86.0	8.5	0.50	0.29	0.27	0.74	0.36	0.15	0.18	0.37	0.28	0.30	0.08	0.46
3	4-07-0279	玉米 corn grain	86.0	8.7	0.39	0.21	0.25	0.93	0.24	0.18	0.20	0.41	0.33	0.30	0.07	0.38
4	4-07-0280	玉米 corn grain	86.0	7.8	0.37	0.20	0.24	0.93	0.23	0.15	0.15	0.38	0.31	0.29	0.06	0.35
5	4-07-0272	高粱 sorghum grain	86.0	9.0	0.33	0.18	0.35	1.08	0.18	0.17	0.12	0.45	0.32	0.26	0.08	0.44
6	4-07-0270	小麦 wheat grain	88.0	13.4	0.62	0.30	0.46	0.89	0.35	0.21	0.30	0.61	0.37	0.38	0.15	0.56
7	4-07-0274	大麦(裸) naked barley grain	87.0	13.0	0.64	0.16	0.43	0.87	0.44	0.14	0.25	0.68	0.40	0.43	0.16	0.63
8	4-07-0277	大麦(皮) barley grain	87.0	11.0	0.65	0.24	0.52	0.91	0.42	0.18	0.18	0.59	0.35	0.41	0.12	0.64
9	4-07-0281	黑麦 rye	88.0	9.50	0.48	0.22	0.30	0.58	0.35	0.15	0.21	0.42	0.26	0.31	0.10	0.43
10	4-07-0273	稻谷 paddy	86.0	7.8	0.57	0.15	0.32	0.58	0.29	0.19	0.16	0.40	0.37	0.25	0.10	0.47
11	4-07-0276	糙米 rough rice	87.0	8.8	0.65	0.17	0.30	0.61	0.32	0.20	0.14	0.35	0.31	0.28	0.12	0.49
12	4-07-0275	碎米 broken rice	88.0	10.4	0.78	0.27	0.39	0.74	0.42	0.22	0.17	0.49	0.39	0.38	0.12	0.57
13	4-07-0479	粟(谷子) millet grain	86.5	9.7	0.30	0.20	0.36	1.15	0.15	0.25	0.20	0.49	0.26	0.35	0.17	0.42
14	4-04-0067	木薯干 cassava tuber flake	87.0	2.5	0.40	0.05	0.11	0.15	0.13	0.05	0.04	0.10	0.04	0.10	0.03	0.13
15	4-04-0068	甘薯干 sweet potato tuber flake	87.0	4.0	0.16	0.08	0.17	0.26	0.16	0.06	0.08	0.19	0.13	0.18	0.05	0.27
16	4-08-0104	次粉 wheat middling and reddog	88.0	15.4	0.86	0.41	0.55	1.06	0.59	0.23	0.37	0.66	0.46	0.50	0.21	0.72
17	4-08-0105	次粉 wheat middling and reddog	87.0	13.6	0.85	0.33	0.48	0.98	0.52	0.16	0.33	0.63	0.45	0.50	0.18	0.68
18	4-08-0069	小麦麸 wheat bran	87.0	15.7	1.00	0.41	0.51	0.96	0.63	0.23	0.32	0.62	0.43	0.50	0.25	0.71

续表

序号	中国饲料号 CFN	饲料名称 Feed Name	干物质 DM(%)	粗蛋白 CP(%)	精氨酸 Arg(%)	组氨酸 His(%)	异亮氨酸 Ile(%)	亮氨酸 Leu(%)	赖氨酸 Lys(%)	蛋氨酸 Met(%)	胱氨酸 Cys(%)	苯丙氨酸 Phe(%)	酪氨酸 Tys(%)	苏氨酸 Thr(%)	色氨酸 Trp(%)	缬氨酸 Val(%)
19	4-08-0070	小麦麸 wheat bran	87.0	14.3	0.88	0.37	0.46	0.88	0.56	0.22	0.31	0.57	0.34	0.45	0.18	0.65
20	4-08-0041	米糠 rice bran	87.0	12.8	1.06	0.39	0.63	1.00	0.74	0.25	0.19	0.63	0.50	0.48	0.14	0.81
21	4-10-0025	米糠饼 rice bran meal(exp.)	88.0	14.7	1.19	0.43	0.72	1.06	0.66	0.26	0.30	0.76	0.51	0.53	0.15	0.99
22	4-10-0018	米糠粕 rice bran meal(sol.)	87.0	15.1	1.28	0.46	0.78	1.30	0.72	0.28	0.32	0.82	0.55	0.57	0.17	1.07
23	5-09-0127	大豆 soy beans	87.0	35.5	2.57	0.59	1.28	2.72	2.20	0.56	0.70	1.42	0.64	1.41	0.45	1.50
24	5-09-0128	全脂大豆 full-fat soybeans	88.0	35.5	2.62	0.95	1.63	2.64	2.20	0.53	0.57	1.77	1.25	1.43	0.45	1.69
25	5-10-0241	大豆饼 soybean meal(exp.)	89.0	41.8	2.53	1.10	1.57	2.75	2.43	0.60	0.62	1.79	1.53	1.44	0.64	1.70
26	5-10-0103	大豆粕 soybean meal(sol.)	89.0	47.9	3.43	1.22	2.10	3.57	2.99	0.68	0.73	2.33	1.57	1.85	0.65	2.26
27	5-10-0102	大豆粕 soybean meal(sol.)	89.0	44.2	3.38	1.17	1.99	3.35	2.68	0.59	0.65	2.21	1.47	1.71	0.57	2.09
28	5-10-0118	棉籽饼 cottonseed meal(exp.)	88.0	36.3	3.94	0.90	1.16	2.07	1.40	0.41	0.70	1.88	0.95	1.14	0.39	1.51
29	5-10-0119	棉籽粕 cottonseed meal(sol.)	88.0	47.0	5.44	1.28	1.41	2.60	2.13	0.65	0.75	2.47	1.46	1.43	0.57	1.98
30	5-10-0117	棉籽粕 cottonseed meal(sol.)	90.0	43.5	4.65	1.19	1.29	2.47	1.97	0.58	0.68	2.28	1.05	1.25	0.51	1.91
31	5-10-0220	棉籽蛋白 cottonseed protein	92.0	51.1	6.08	1.58	1.72	3.13	2.26	0.86	1.04	2.94	1.42	1.60	—	2.48

续表

序号	中国饲料号 CFN	饲料名称 Feed Name	干物质 DM(%)	粗蛋白 CP(%)	精氨酸 Arg(%)	组氨酸 His(%)	异亮氨酸 Ile(%)	亮氨酸 Leu(%)	赖氨酸 Lys(%)	蛋氨酸 Met(%)	胱氨酸 Cys(%)	苯丙氨酸 Phe(%)	酪氨酸 Tys(%)	苏氨酸 Thr(%)	色氨酸 Trp(%)	缬氨酸 Val(%)
32	5-10-0183	菜籽饼 rapeseed meal(exp.)	88.0	35.7	1.82	0.83	1.24	2.26	1.33	0.60	0.82	1.35	0.92	1.40	0.42	1.62
33	5-10-0121	菜籽粕 rapeseed meal(sol.)	88.0	38.6	1.83	0.86	1.29	2.34	1.30	0.63	0.87	1.45	0.97	1.49	0.43	1.74
34	5-10-0116	花生仁饼 peanut meal(exp.)	88.0	44.7	4.60	0.83	1.18	2.36	1.32	0.39	0.38	1.81	1.31	1.05	0.42	1.28
35	5-10-0115	花生仁粕 peanut meal(sol.)	88.0	47.8	4.88	0.88	1.25	2.50	1.40	0.41	0.40	1.92	1.39	1.11	0.45	1.36
36	5-10-0031	向日葵仁饼 sunflower meal(exp.)	88.0	29.0	2.44	0.62	1.19	1.76	0.96	0.59	0.43	1.21	0.77	0.98	0.28	1.35
37	5-10-0242	向日葵仁粕 sunflower meal(sol.)	88.0	36.5	3.17	0.81	1.51	2.25	1.22	0.72	0.62	1.56	0.99	1.25	0.47	1.72
38	5-10-0243	向日葵仁粕 sunflower meal(sol.)	88.0	33.6	2.89	0.74	1.39	2.07	1.13	0.69	0.50	1.43	0.91	1.14	0.37	1.58
39	5-10-0119	亚麻仁饼 linseed meal(exp.)	88.0	32.2	2.35	0.51	1.15	1.62	0.73	0.46	0.48	1.32	0.50	1.00	0.48	1.44
40	5-10-0120	亚麻仁粕 linseed meal(sol.)	88.0	34.8	3.59	0.64	1.33	1.85	1.16	0.55	0.55	1.51	0.93	1.10	0.70	1.51
41	5-10-0246	芝麻饼 sesame meal(exp.)	92.0	39.2	2.38	0.81	1.42	2.52	0.82	0.82	0.75	1.68	1.02	1.29	0.49	1.84
42	5-11-0001	玉米蛋白粉 corn gluten meal	90.1	63.5	2.01	1.23	2.92	10.50	1.10	1.60	0.99	3.94	3.19	2.11	0.36	2.94

续表

序号	中国饲料号 CFN	饲料名称 Feed Name	干物质 DM(%)	粗蛋白 CP(%)	精氨酸 Arg(%)	组氨酸 Hia(%)	异亮氨酸 Ile(%)	亮氨酸 Leu(%)	赖氨酸 Lys(%)	蛋氨酸 Mel(%)	胱氨酸 Cys(%)	苯丙氨酸 Phe(%)	酪氨酸 Tys(%)	苏氨酸 Thr(%)	色氨酸 Trp(%)	缬氨酸 Val(%)
43	5-11-0002	玉米蛋白粉 corn gluten meal	91.2	51.3	1.48	0.89	1.75	7.87	0.92	1.14	0.76	2.83	2.25	1.59	0.31	2.05
44	5-11-0008	玉米蛋白粉 corn gluten meal	89.9	44.3	1.31	0.78	1.63	7.08	0.71	1.04	0.65	2.61	2.03	1.38	—	1.84
45	5-11-0003	玉米蛋白饲料 corn gluten meal	88.0	19.3	0.77	0.56	0.62	1.82	0.63	0.29	0.33	0.70	0.50	0.68	0.14	0.93
46	4-10-0026	玉米胚芽饼 corn germ meal(exp.)	90.0	16.7	1.16	0.45	0.53	1.25	0.70	0.31	0.47	0.64	0.54	0.64	0.16	0.91
47	4-10-0244	玉米胚芽粕 corn germ meal(sol.)	90.0	20.8	1.51	0.62	0.77	1.54	0.75	0.21	0.28	0.93	0.66	0.68	0.18	1.66
48	5-11-0007	DDGS(distiller dried grains with solubles)	89.2	27.5	1.23	0.75	1.06	3.21	0.87	0.56	0.57	1.40	1.09	1.04	0.22	1.41
49	5-11-0009	蚕豆粉浆蛋白粉 broad bean gluten meal	88.0	66.3	5.96	1.66	2.90	5.88	4.44	0.60	0.57	3.34	2.21	2.31	—	3.20
50	5-11-0004	麦芽根 barley malt sprouts	89.7	28.3	1.22	0.54	1.08	1.58	1.30	0.37	0.26	0.85	0.67	0.96	0.42	1.44
51	5-13-0044	鱼粉(CP 67%) fish meal	92.4	67.0	3.93	2.01	2.61	4.94	4.97	1.86	0.60	2.61	1.97	2.74	0.77	3.11
52	5-13-0046	鱼粉(CP 60.2%) fish meal	90.0	60.2	3.57	1.71	2.68	4.80	4.72	1.64	0.52	2.35	1.96	2.57	0.70	3.17
53	5-13-0077	鱼粉(CP 53.5%) fish meal	90.0	53.5	3.24	1.29	2.30	4.30	3.87	1.39	0.49	2.22	1.70	2.51	0.60	2.77
54	5-13-0036	血粉 blood meal	88.0	82.8	2.99	4.40	0.75	8.38	6.67	0.74	0.98	5.23	2.55	2.86	1.11	6.08

续表

序号 CFN	中国饲料号 CFN	饲料名称 Feed Name	干物质 DM(%)	粗蛋白 CP(%)	精氨酸 Arg(%)	组氨酸 Hia(%)	异亮氨酸 Ile(%)	亮氨酸 Leu(%)	赖氨酸 Lys(%)	蛋氨酸 Mel(%)	胱氨酸 Cys(%)	苯丙氨酸 Phe(%)	酪氨酸 Tys(%)	苏氨酸 Thr(%)	色氨酸 Trp(%)	缬氨酸 Val(%)
55	5-13-0037	羽毛粉 feather meal	88.0	77.9	5.30	0.58	4.21	6.78	1.65	0.59	2.93	3.57	1.79	3.51	0.40	6.05
56	5-13-0038	皮革粉 leather meal	88.0	74.7	4.45	0.40	1.06	2.53	2.18	0.80	0.16	1.56	0.63	0.71	0.50	1.91
57	5-13-0047	肉骨粉 meat and bone meal	93.0	50.0	3.35	0.96	1.70	3.20	2.60	0.67	0.33	1.70	1.26	1.63	0.26	2.25
58	5-13-0048	肉粉 meat meal	94.0	54.0	3.60	1.14	1.60	3.84	3.07	0.80	0.60	2.17	1.40	1.97	0.35	2.66
59	1-05-0074	苜蓿草粉(CP 19%) alfalfa meal	87.0	19.1	0.78	0.39	0.68	1.20	0.82	0.21	0.22	0.82	0.58	0.74	0.43	0.91
60	1-05-0075	苜蓿草粉(CP 17%) alfalfa meal	87.0	17.2	0.74	0.32	0.66	1.10	0.81	0.20	0.16	0.81	0.54	0.69	0.37	0.85
61	1-05-0076	苜蓿草粉(CP 14%~15%) alfalfa meal	87.0	14.3	0.61	0.19	0.58	1.00	0.60	0.18	0.15	0.59	0.38	0.45	0.24	0.58
62	5-11-0005	啤酒糟 brewers dried grain	88.0	24.3	0.98	0.51	1.18	1.08	0.72	0.52	0.35	2.35	1.17	0.81	0.28	1.66
63	7-15-0001	啤酒酵母 brewers dried yeast	91.7	52.4	2.67	1.11	2.85	4.76	3.38	0.83	0.50	4.07	0.12	2.33	0.21	3.40
64	4-13-0075	乳清粉 whey, dehydrated	94.0	12.0	0.40	0.20	0.90	1.20	1.10	0.20	0.30	0.40	0.21	0.80	0.20	0.70
65	5-01-0162	酪蛋白 casein	91.0	84.4	3.10	2.68	4.43	8.36	6.99	2.57	0.39	4.56	4.54	3.79	1.08	5.80
66	5-14-0503	明胶 gelatin	90.0	88.6	6.60	0.66	1.42	2.91	3.62	0.76	0.12	1.74	0.43	1.82	0.05	2.26
67	4-06-0076	牛奶乳糖 milk lactose	96.0	3.5	0.25	0.09	0.09	0.16	0.14	0.03	0.04	0.09	0.02	0.09	0.09	0.09

2 美国 Feedstuff（2011）肉鸡饲料成分与营养价值表（表2－3）

表2－3 美国 Feedstuffs（2001）肉鸡饲料成分与营养价值表

原料	干物质(%)	粗蛋白(%)	乙醚浸提物(%)	粗纤维(%)	钙(%)	总磷(%)	有效磷(%)	灰分(%)	家禽代谢能(ME[5])/(MJ/kg)/(kcal/kg)	蛋氨酸(%)	胱氨酸(%)	赖氨酸(%)	色氨酸(%)	苏氨酸(%)	异亮氨酸(%)	组氨酸(%)	缬氨酸(%)	亮氨酸(%)	精氨酸(%)	苯丙氨酸(%)
										氨基酸[7]（括弧中为利用率）										
苜蓿草粉(脱水)	93	20.0	3.5	20.0	1.5	0.27	0.27	10.5	6.8 / 1630	0.33	0.23	0.87	0.46	0.88	0.98	0.42	1.19	1.5	0.98	1.04
苜蓿草粉(脱水)	93	17.0	3.0	24.0	1.3	0.23	0.23	9.6	6.2 / 1480	0.28 (73)	0.18 (40)	0.73 (59)	0.45	0.75 (71)	0.84 (77)	0.35 (74)	1.04 (75)	1.3 (80)	0.75 (82)	0.91 (78)
苜蓿草粉(脱水)	93	17.0	3.0	26.0	1.2	0.22	0.22	8.5	5.5 / 1320	0.23	0.17	0.6	0.38	0.6	0.68	0.3	0.84	1.1	0.58	0.6
苜蓿草粉(晒干)	91	15.0	1.7	29.0	1.4	0.20	0.20	9.0	3.2 / 770	0.2	0.17	0.6	0.38	0.6	0.6	0.22	0.60	1.1	0.58	0.58
面包渣	91	10.0	11.5	3.0	0.1	0.25	0.18	8.0	14.8 / 3527	0.16 (85)	0.16 (80)	0.3 (64)	0.09	0.28 (72)	0.36 (84)	0.2 (82)	0.4 (81)	0.8 (86)	0.4 (84)	0.4 (86)
面包渣(低灰分/纤维)	91	10.0	11.5	1.5	0.1	0.25	0.18	4.0	16.1 / 3858	0.16	0.16	0.3	0.09	0.28	0.36	0.2	0.4	0.8	0.4	0.4
大麦粒	89	11.5	1.9	5.0	0.08	0.42	0.15	2.5	11.6 / 2760	0.18 (79)	0.25 (81)	0.53 (78)	0.17	0.36 (77)	0.42 (82)	0.23 (87)	0.62 (81)	0.8 (86)	0.5 (85)	0.62 (88)
大麦粒(西部产)	91	10.6	2.2	6.3	0.04	0.35	0.12	2.7	11.5 / 2760	0.18	0.22	0.39	0.15	0.29	0.4	0.3	0.46	0.7	0.45	0.47
大麦芽(脱水)	91	13.7	1.9	3.3	0.06	0.46	—	2.2	缺 / 缺	0.2	缺	0.5	0.2	0.4	0.6	0.3	0.7	0.7	0.4	0.6
宽菜豆(蚕菜豆)	89	25.7	1.4	8.2	0.14	0.54	0.20	3.8	10.1 / 2420	0.25	0.14	1.52	0.24	0.98	1.0	0.6	1.22	1.6	2.2	0.98
干啤荣渣	91	8.0	0.5	21.0	0.6	0.10	—	3.8	2.8 / 650	0.01		0.6	0.1	0.4	0.3	0.2	0.4	0.3	0.3	0.3
血粉	89	80.0	1.0	1.0	0.28	0.22	0.22	4.4	13.5 / 3220	1.0 (91)	1.4 (76)	6.9 (86)	1.0	3.8 (87)	0.8 (78)	3.05 (84)	5.2 (87)	10.3 (89)	2.35 (87)	5.1 (88)
干啤酒精	93	27.9	7.4	11.7	0.30	0.66	0.20	4.8	9.4 / 2245	0.6	0.4	0.9	0.4	1.0	1.0	0.47	1.69	3.2	1.3	1.82
干啤酒酵母	93	45.0	0.4	1.5	0.1	1.40	0.45	6.5	10.4 / 2485	1.0	0.50	3.4	0.8	2.2	2.2	1.3	2.37	3.2	2.2	1.86

续表

原料	干物质(%)	粗蛋白(%)	乙醚浸提物(%)	粗纤维(%)	钙(%)	总磷(%)	有效磷(%)	灰分(%)	家禽代谢能 ME[5] (MJ/kg)	(kcal/kg)	蛋氨酸(%)	胱氨酸(%)	赖氨酸(%)	色氨酸(%)	苏氨酸(%)	异亮氨酸(%)	组氨酸(%)	缬氨酸(%)	亮氨酸(%)	精氨酸(%)	苯丙氨酸(%)
											amino acids[7]（括弧中为利用率）										
荞麦粒	88	11.0	2.5	11.0	0.1	0.30	0.10	2.1	11.0	2 640	0.18	0.2	0.6		0.44	0.35	0.26	0.53	0.53	0.8	0.44
干黄油奶水	89	32.0	5.0	0.3	1.3	0.90	0.90	10.0	11.5	2 750	0.7 (92)	0.38 (85)	2.4	0.5	1.6	2.7	2.4	2.8	3.4	1.1	1.5
亚麻芥粉	90	33.9	12.0	12.9	0.33	0.94	—	5.8	13.9	3 328	0.61 (92)	0.66 (86)	1.54 (86)	0.42 (93)	1.30 (84)	1.20 (89)	0.75 (91)	1.61 (88)	2.13 (91)	2.62 (94)	1.40 (92)
卡诺拉菜粕	91	38.0	3.8	11.1	0.68	1.17	0.30	7.2	8.8	2 110	0.77 (90)	0.97 (73)	2.02 (79)	0.46 (82)	1.50 (78)	1.51 (83)	1.10 (85)	1.94 (82)	2.6 (87)	2.3 (90)	1.5 (87)
干酪蛋白	90	80.0	0.5	0.2	0.6	1.00	1.00	3.5	17.2	4 120	2.7 (99)	0.3 (84)	7.0 (97)	1.0	3.8 (98)	5.7 (98)	2.5 (96)	6.8 (98)	8.7 (99)	3.4 (97)	4.6 (91)
木薯粉	87	2.4	0.3	7.6	0.15	0.08	—	3.0	12.2	2 915	—	—	—	—	—	—	—	—	—	—	—
干牛粪	90	16.6	—	—	1.6	0.75	—	7.6	缺	缺	0.06	—	0.33	—	0.21	0.21	0.09	0.29	缺	0.14	0.06
干 枯渣	91	6.0	3.7	12.2	1.4	0.10	—	4.6	5.5	1 320	0.08 (83)	0.11	0.2	缺	缺	1.0	缺	缺	缺	0.28	缺
椰子粕(机榨)	93	22.0	6.0	12.0	0.17	0.60	—	7.0	6.4	1 520	0.33 (83)	0.2 (48)	0.54 (58)	0.2	0.6 (58)	1.0 (78)	0.3 (69)	1.0 (78)	1.49 (80)	2.3 (85)	0.8 (87)
黄玉米粒	87	7.9	3.5	1.9	0.01	0.25	0.09	1.1	14.2	3 390	0.18 (91)	0.18 (85)	0.24 (81)	0.07	0.29 (84)	0.29 (88)	0.25 (94)	0.42 (88)	1.0 (93)	0.40 (89)	0.42 (91)
高油玉米粒	87	8.4	6.0	2.0	0.01	0.26	0.09	1.2	14.9	3 560	0.20	0.19	0.28	0.07	0.31	0.31	0.27	0.42	1.06	0.43	0.42
瘪黄玉米(碎玉米糠)	88	7.5	3.0	10.0	0.04	0.20	0.07	1.5	11.9	2 840	0.14	0.13	0.16	0.05	0.31	0.3	缺	缺	1.0	0.3	缺
玉米芯粉	89	2.3	0.4	35.0	0.11	0.04	—	1.5	2.2	528	—	—	—	—	缺	—	—	—	—	—	—
玉米胚芽粉,湿磨	90	20.0	1.0	12.0	0.3	0.5	0.15	3.8	7.1	1 700	0.6	0.4	0.9	0.2	0.7	0.7	0.7	1.2	1.7	1.3	0.9
玉米胚芽粉,干磨	91	17.7	0.9	10.9	0.03	0.5	0.15	3.5	缺	缺	0.43	0.4	1.1	0.25	0.6	0.6	0.6	1.1	1.3	1.4	0.9

续表

氨基酸[7]（括弧中为利用率）

原料	干物质(%)	粗蛋白(%)	乙醚浸提物(%)	粗纤维(%)	钙(%)	总磷(%)	有效磷(%)	灰分(%)	家禽代谢能(ME[5])/(MJ/kg)	家禽代谢能(ME[5])/(kcal/kg)	蛋氨酸(%)	胱氨酸(%)	赖氨酸(%)	色氨酸(%)	苏氨酸(%)	异亮氨酸(%)	组氨酸(%)	缬氨酸(%)	亮氨酸(%)	精氨酸(%)	苯丙氨酸(%)
玉米蛋白饲料	88	21.0	2.0	10.0	0.2	0.9	0.22	7.8	7.3	1 750	0.5 (84)	0.5 (65)	0.6 (72)	0.1	0.9 (75)	0.6 (81)	0.7 (82)	1.04 (83)	1.9 (89)	1.0 (87)	0.8 (87)
玉米蛋白粉(CP41%)	90	42.0	2.0	4.0	0.16	0.4	0.25	3.0	13.8	3 310	1.0	0.6	0.8	0.2	1.4	2.3	0.9	2.2	6.6	1.4	2.9
玉米蛋白粉(CP60%)	90	60.0	2.0	2.5	0.02	0.5	0.18	1.8	15.6	3 740	1.9 (97)	1.1 (86)	1.0 (88)	0.3	2.0 (92)	2.3 (95)	1.2 (94)	2.70 (95)	9.4 (98)	1.9 (96)	3.8 (97)
棉粕(预压浸提,CP41%)	90	41.0	1.5	12.7	0.17	1.00	0.32	6.4	8.1	1 910	0.52 (73)	0.64 (73)	1.65 (67)	0.47	1.32 (71)	1.33 (75)	1.1 (69)	1.88 (78)	2.4 (77)	4.59 (87)	2.22 (86)
棉粕(机榨,CP41%)	91	41.0	3.9	12.6	0.17	0.97	0.32	6.2	8.8	2 100	0.55	0.59	1.52	0.5	1.3	1.31	1.07	1.84	2.5	4.33	2.2
棉粕(直接浸提,CP41%)	90	41.0	2.1	11.3	0.16	1.00	0.32	6.4	8.4	2 010	0.51	0.62	1.70	0.52	1.34	1.33	1.1	1.82	2.4	4.66	2.23
棉壳	90	4.0	4.4	43.0	0.14	0.09	—	2.5	缺	缺	—	—	—	—	—	—	—	—	—	—	—
带棉绒的整粒棉籽	92	23.0	19.0	26.0	0.19	0.61	缺	4.4	缺	缺	0.40	0.41	1.02	0.30	0.81	0.75	0.73	1.10	0.75	2.71	1.25
蚕粉	95	30.0	2.2	10.5	18.0	1.50	1.50	31.0	6.2	1 485	0.5	0.2	1.4	0.3	1.2	1.2	0.5	1.5	1.6	1.7	1.2
酒糟糟及糟液干燥物(DDGS,饲料)	91	29.0	8.4	7.8	0.27	0.78	0.35	4.3	10.0	2 400	0.46	0.52	0.81	0.21	1.12	1.93	0.81	1.83	2.34	1.12	1.93
玉米酒精糟(CDDG)	92	27.0	9.0	13.0	0.09	0.41	0.17	2.2	8.4	2 000	0.45	0.32	0.9	0.21	0.3	0.93	0.6	1.2	2.6	1.0	0.6
玉米酒精糟及糟液	92	27.0	9.0	8.5	0.14	0.89	0.55	4.5	11.7	2 800	0.51 (86)	0.4 (77)	0.9 (75)	0.2 (80)	0.44 (72)	1.0 (84)	0.65 (80)	1.33 (81)	2.6 (89)	1.1 (73)	1.2 (88)

续表

原料	干物质(%)	粗蛋白(%)	乙醚浸提物(%)	粗纤维(%)	钙(%)	总磷(%)	有效磷(%)	灰分(%)	家禽代谢能(ME5) (MJ/kg)	家禽代谢能(ME5) (kcal/kg)	蛋氨酸(%)	胱氨酸(%)	赖氨酸(%)	色氨酸(%)	苏氨酸(%)	异亮氨酸(%)	组氨酸(%)	缬氨酸(%)	亮氨酸(%)	精氨酸(%)	苯丙氨酸(%)
干燥物(CDDGS) 玉米酒精糟残液(CDDS)	92	27.0	9.0	4.0	0.35	1.30	1.20	8.2	11.8	2810	0.6	0.6	0.9	0.2	1.0	1.2	0.6	1.6	2.1	1.0	1.5
动物脂肪	99	0.0	98.0	—	—	—	—	—	33.1	7920	—	—	—	—	—	—	—	—	—	—	—
脂肪(黄油脂)	99	0.0	98.0	—	—	—	—	—	34.5	8250	—	—	—	—	—	—	—	—	—	—	—
植物脂肪	99	0.0	99.0	—	—	—	—	—	36.8	8800	—	—	—	—	—	—	—	—	—	—	—
羽毛粉	93	85.0	2.5	1.5	0.2	0.7	0.70	3.9	12.0	2880	0.65(76)	4.0(59)	2.05(66)	0.5	3.8(73)	3.66(85)	0.78(72)	5.75(82)	7.8(82)	5.75(83)	3.54(85)
鱼粉(AAFCO)	88	59.0	5.6	1.0	5.5	3.3	3.3	20.2	10.9	2600	1.72	0.57	5.17	0.67	2.49	3.64	1.53	3.26	4.69	3.73	2.68
鱼粉(大西洋鲱丁鱼)	93	72.0	10.0	1.0	2.0	1.0	1.0	10.4	13.3	3190	2.2	0.72	5.7	0.8	2.88	3.0	1.91	5.7	5.1	5.64	2.56
鱼粉(大鳕鱼)	92	62.0	9.2	1.0	4.8	3.3	3.0	19.0	12.3	2950	1.7(92)	0.5(73)	4.7(88)	0.5	2.75(98)	2.40(92)	1.52(92)	2.80(91)	4.4(92)	3.65(92)	2.28
鱼粉(秘鲁鳀鱼)	91	65.0	10.0	1.0	4.0	2.85	2.85	15.0	11.8	2820	1.9	0.6	4.9	0.75	2.7	3.0	1.5	3.4	5.0	3.38	2.39
鱼粉(红鱼)	92	57.0	8.0	1.0	7.7	3.8	3.8	26.0	12.4	2970	1.8	0.4	6.6	0.6	2.6	3.5	1.3	3.33	4.90	4.1	2.5
鱼粉(沙丁鱼)	92	65.0	5.5	1.0	4.5	2.7	2.7	16.0	12.0	2860	2.0	0.8	5.9	0.50	2.6	3.3	1.8	3.4	3.8	2.7	2.0
鱼粉(金枪鱼)	93	53.0	11.0	5.0	8.4	4.2	4.2	25.0	10.6	2530	1.5	0.4	3.9	0.71	2.5	2.4	1.8	2.8	3.8	3.2	2.5
鱼粉(白鱼)	91	61.0	4.0	1.0	7.0	3.5	3.5	24.0	10.9	2600	1.65	0.75	4.3	0.7	2.6	3.1	1.93	3.25	4.5	4.2	2.8
鱼粉(淡水大肚鲱)	90	65.7	12.8	1.0	5.2	2.9	2.9	14.6	14.4	3430	1.93	0.47	5.49	0.63	3.29	3.4	1.93	3.58	4.8	4.69	2.91
浓缩鱼溶浆	51	31.0	4.0	0.5	0.1	0.5	0.5	10.0	8.3	1990	0.45	0.19	1.46	0.11	0.7	0.7	1.09	1.0	1.6	1.37	0.70
脱水鱼溶粉	93	40.0	6.0	5.5	0.4	1.2	1.2	12.5	14.6	3480	0.64	0.5	2.6	2.3	1.1	1.2	0.9	1.6	2.6	1.8	1.3

续表

原料	干物质(%)	粗蛋白(%)	乙醚浸提物(%)	粗纤维(%)	钙(%)	总磷(%)	有效磷(%)	灰分(%)	家禽代谢能(ME⁵)/(MJ/kg)/(kcal/kg)	氨基酸⁷(括弧中为利用率) 蛋氨酸(%)	胱氨酸(%)	赖氨酸(%)	色氨酸(%)	苏氨酸(%)	异亮氨酸(%)	组氨酸(%)	缬氨酸(%)	亮氨酸(%)	精氨酸(%)	苯丙氨酸(%)
亚麻籽	92	22.0	34.0	6.5	0.25	0.5	—	—	16.6 / 3 957	0.35	0.42	0.92	0.22	0.77	0.95	0.44	1.17	1.25	2.05	0.97
玉米麸(螺旋压榨)	89	11.5	6.5	5.0	0.05	0.5	0.17	3.0	12.8 / 3 060	0.22	0.12	0.45	0.12	0.43	0.38	0.36	0.59	0.9	0.6	0.4
南非高粱	90	11.8	2.9	2.0	0.04	0.33	—	1.5	14.3 / 3 410	0.18	0.14	0.27	0.18	0.45	0.54	0.27	0.63	1.6	0.35	0.63
脱水海藻粉	91	8.9	1.6	3.9	1.2	0.16	—	17.3	缺 / 缺	0.1	缺	0.04	缺	0.03	缺	缺	缺	0.09	0.10	缺
亚麻籽(挤压)	90	32.0	3.5	9.5	0.4	0.8	—	6.0	6.4 / 1 540	0.47	0.56	1.1	0.47	1.1	1.7	0.6	1.5	1.9	2.6	1.4
亚麻籽(浸提)	88	33.0	0.5	9.5	0.35	0.75	—	6.0	5.9 / 1 400	0.48	0.58	1.1	0.48	1.2	1.8	0.7	1.6	2.0	2.7	1.5
干大麦芽	92	25.0	1.2	15.0	0.2	0.7	—	7.0	5.9 / 1 410	0.32	0.23	1.1	0.41	缺	缺	缺	缺	缺	1.00	缺
肉骨粉(CP45%)	92	45.0	8.5	2.5	11.0	5.9	5.9	37.0	9.9 / 2 375	0.53	0.26	2.2	0.18	1.58	1.7	1.5	2.4	2.9	2.7	1.8
肉骨粉(CP50%)	93	50.0	8.5	2.8	9.2	4.7	4.7	33.0	10.6 / 2 530	0.67(85)	0.33(58)	2.6(79)	0.26	1.70(79)	1.7(83)	0.96(80)	2.25(82)	3.2(84)	3.35(85)	1.7(84)
肉骨粉(CP55%)	93	55.0	7.2	2.5	7.6	3.8	4.0	25.0	11.2 / 2 685	0.75	0.68	3.0	0.35	1.81	1.9	1.1	2.6	3.5	3.7	1.9
全脂干奶粉(同料级)	96	25.5	26.7	0.1	0.9	0.72	0.72	5.6	缺 / 缺	0.62	0.40	2.26	0.41	1.03	1.33	0.72	1.74	2.57	0.92	1.33
粟粒	90	12.0	4.2	1.8	0.05	0.3	0.10	2.5	13.63 / 2 240	0.28	0.24	0.35	0.20	0.44	0.52	0.30	0.70	1.3	0.55	0.62
糖蜜(甜菜)	79	7.6	0.0	0.0	0.1	0.02	—	10.5	8.3 / 1 980	—	—	—	—	—	—	—	—	—	—	—
糖蜜(甘蔗)	74	2.9	0.0	0.0	0.82	0.08	—	8.1	8.3 / 1 980	—	—	—	—	—	—	—	—	—	—	—
糖蜜(干甘蔗)	91	7.0	0.5	9.0	1.18	0.9	—	8.0	9.9 / 2 375	—	—	—	—	—	—	—	—	—	—	—
糖蜜(柑橘)	68	5.7	0.2	—	1.2	0.12	—	5.4	缺 / 缺	—	—	—	—	—	—	—	—	—	—	—
糖蜜(玉米淀粉)	73	0.05	—	—	0.1	0.6	—	8.0	缺 / 缺	—	—	—	—	—	—	—	—	—	—	—
糖浆(木浆)	66	0.7	0.3	0.7	0.52	0.05	—	4.0	缺 / 缺	—	—	—	—	—	—	—	—	—	—	—

续表

原料	干物质(%)	粗蛋白(%)	乙醚浸提物(%)	粗纤维(%)	钙(%)	总磷(%)	有效磷(%)	灰分(%)	家禽代谢能(ME[5])/(MJ/kg)	/(kcal/kg)	氨基酸[7](括孤中为利用率)										
											蛋氨酸(%)	胱氨酸(%)	赖氨酸(%)	色氨酸(%)	苏氨酸(%)	异亮氨酸(%)	组氨酸(%)	缬氨酸(%)	亮氨酸(%)	精氨酸(%)	苯丙氨酸(%)
燕麦粒	90	11.0	4.0	10.5	0.1	0.35	0.14	4.0	10.7	2 550	0.2 (86)	0.21 (84)	0.4 (87)	0.18	0.28 (85)	0.53 (89)	0.18 (93)	0.62 (88)	0.9 (92)	0.8 (94)	0.62 (94)
燕麦粒(太平洋沿岸)	90	9.8	4.5	10.5	0.09	0.33	0.13	4.0	10.9	2 610	0.14	0.18	0.38 (80)	0.12	0.28	0.37 (88)	0.15	0.48 (88)	0.7	0.6	0.42
燕麦皮(去壳)	92	15.0	6.0	2.6	0.07	0.45	0.17	2.2	13.8	3 300	0.2 (90)	0.26 (84)	0.45 (80)	0.18	0.5 (83)	0.5 (88)	0.25 (91)	0.65 (88)	1.0 (88)	0.9 (92)	0.65 (92)
燕麦壳	93	3.5	0.6	30.0	0.1	0.15	0.04	6.5	1.5	350	—	—	—	—	—	—	—	—	—	—	—
次豌豆	91	22.0	1.0	6.0	0.17	0.32	0.13	2.8	10.1	2 420	0.2	0.30	1.2	0.2	缺	缺	缺	缺	缺	2.10	缺
花生粕(浸提)	90	47.0	2.5	8.4	0.08	0.57	0.18	5.0	11.2	2 677	0.50 (87)	0.60 (78)	1.52 (85)	0.42	1.12 (81)	1.50 (88)	1.00 (88)	1.80 (87)	2.80 (90)	4.76 (90)	2.13 (93)
花生饼(机榨)	92	45.0	5.0	12.0	0.15	0.55	0.18	5.8	缺	缺	0.41	0.68	1.55	0.46	1.4	1.8	1.1	2.6	3.6	4.7	2.6
家禽副产品粉	94	53.0	14.0	2.5	5.0	2.7	2.7	19.0	12.7	3 040	0.91 (86)	0.90 (61)	2.25 (80)	0.50	1.88 (80)	2.10 (85)	1.42 (78)	2.32 (83)	3.95 (85)	3.50 (88)	1.60 (84)
干禽粪(宠养)	89	28.7	1.7	14.9	7.8	2.2	—	26.5	缺	缺	0.12	0.15	0.39	0.53	0.35	0.36	0.23	0.46	0.8	0.38	0.35
干禽粪(平养)	85	25.3	2.3	18.6	2.5	1.6	—	14.1	缺	缺	0.13	0.14	0.49	缺	0.52	0.58	0.2	0.74	0.7	0.43	0.49
菜粕(浸提)	92	36.0	2.6	13.2	0.66	0.93	0.30	7.2	7.4	1 770	0.67	0.54	2.12	0.46	1.6	1.41	0.95	1.81	2.6	2.04	1.41
全脂米糠	91	13.5	5.9	13.0	0.1	1.7	0.24	11.0	8.5	2 040	0.17 (78)	0.1 (68)	0.5 (75)	0.1	0.4 (70)	0.39 (77)	0.25 (88)	0.60 (77)	1.2 (76)	0.45 (87)	0.41 (77)
稻壳	92	3.0	0.5	44.0	0.04	0.1	0.02	20.0	3.0	720	—	—	—	—	—	—	—	—	—	—	—
糠米	89	7.3	1.7	10.0	0.04	0.26	0.09	4.5	12.3	2 940	0.14	0.08	0.24	0.12	0.27	0.33	0.16	0.46	0.5	0.59	0.34
黑麦粒	89	12.6	1.9	2.8	0.08	0.3	0.10	1.45	11.3	2 710	0.16	0.2	0.4	0.14	0.36	0.53	0.27	0.62	0.7	0.50	0.62
红花籽饼(机榨)	91	20.0	6.6	32.2	0.23	0.61	0.20	3.7	4.9	1 160	0.4	0.5	0.7	0.3	0.47	0.28	0.48	1.0	1.1	1.2	1.0

续表

原料	干物质(%)	粗蛋白(%)	乙醚浸提物(%)	粗纤维(%)	钙(%)	总磷(%)	有效磷(%)	灰分(%)	家禽代谢能(ME5)/(MJ/kg)	/(kcal/kg)	蛋氨酸(%)	胱氨酸(%)	赖氨酸(%)	色氨酸(%)	苏氨酸(%)	异亮氨酸(%)	组氨酸(%)	缬氨酸(%)	亮氨酸(%)	精氨酸(%)	苯丙氨酸(%)
红花籽饼(浸提)	90	22.0	0.5	37.0	0.34	0.84	0.23	5.0	6.4	1520	0.33 (89)	0.35	0.7	0.26	0.5	0.27	0.5	1.0	1.2	1.9	1.0
红花籽饼(浸提)	91	42.0	1.3	15.1	0.4	1.25	0.37	7.8	8.5	2040	0.69 (82)	0.7	1.3	0.6	1.35	1.7	1.0	2.3	2.5	3.7	1.85
芝麻饼(机榨)	94	42.0	7.0	6.5	2.0	1.3	0.24	12.0	9.4	2255	1.48 (94)	0.6 (89)	1.37 (88)	0.82	1.71 (87)	2.28 (92)	1.16 (89)	2.53 (91)	3.3 (91)	5.06 (92)	2.32 (92)
干脱脂奶粉	92	33.0	0.5	0.0	1.25	1.0	1.0	8.0	10.5	2520	0.98 (92)	0.42 (82)	2.6	0.45	1.75	2.1	0.84	2.38	3.3	0.8	1.58
高粱蛋白饲料	88	24.0	3.2	9.0	0.15	0.65	0.21	8.0	9.0	2150	0.4	0.45	0.9	0.2	0.8	1.0	1.01	1.3	2.5	0.8	1.0
高粱蛋白粉	90	42.0	4.3	3.5	0.04	0.3	0.10	1.8	11.4	2720	0.4	0.8	0.8	0.4	1.4	2.3	1.4	2.5	7.4	1.4	2.6
高粱粉(西非)	89	11.0	2.8	2.0	0.04	0.29	0.10	1.7	13.8	3310	0.1 (89)	0.2 (83)	0.27 (78)	0.09	0.27 (82)	0.6 (88)	0.27 (87)	0.53 (87)	1.4 (94)	0.4 (74)	0.45 (91)
蒸炒全脂大豆	90	38.0	18.0	5.0	0.25	0.29	0.20	4.6	14.0	3350	0.54 (83)	0.55	2.4	0.52	1.69	2.18	1.01	2.02	2.8	2.8	2.1
豆饼(机榨)	89	42.0	3.5	6.5	0.2	0.6	0.20	6.0	10.1	2420	0.55	0.62	2.7	0.58	1.7	1.1	2.2	3.8	3.2	2.1	2.1
豆粕(浸提)	90	44.0	0.5	7.0	0.25	0.6	0.20	6.0	9.4	2240	0.6	0.67	2.9	0.60	1.7	2.5	1.1	2.4	3.4	3.4	2.2
去皮豆粕(浸提)	88	47.8	1.0	3.0	0.2	0.65	0.21	6.0	10.3	2485	0.65	0.71	3.02	0.70	2.0	2.6	1.51	2.7	3.8	3.6	2.7
葵饼(挤压)	93	41.0	7.6	21.0	0.43	1.0	0.25	6.8	9.7	2310	1.6	0.8	2.0	0.6	1.6	2.4	1.1	2.4	2.5	4.2	2.4
葵粕(浸提)	93	42.0	2.3	21.0	0.40	1.0	0.25	7.0	7.4	1760	1.5	0.7	1.7	0.5	1.5	2.1	1.0	2.3	2.6	3.5	2.2
葵粕(部分去壳,浸提)	92	34.0	0.5	13.0	0.3	1.25	0.27	7.1	9.5	2260	0.64 (93)	0.55 (78)	1.42 (84)	0.35	1.48 (85)	1.39 (90)	1.51 (87)	1.64 (86)	5.58 (91)	2.8 (83)	1.61 (93)
番茄干浆	93	21.0	10.0	25.0	0.4	0.57	0.20	6.0	7.4	1760	0.1	—	1.6	0.2	0.7	0.7	0.4	1.0	1.7	1.2	0.9
黑小麦	90	12.5	1.5	缺	0.05	0.3	0.10	缺	13.2	3150	0.26	0.26	0.39	0.14	0.36	0.76	0.39	0.51	0.39	0.48	0.49
硬粒小麦	88	13.5	1.9	3.0	0.05	0.41	0.12	2.0	13.3	3170	0.25 (87)	0.3 (87)	0.4 (81)	0.18	0.35 (83)	0.69 (88)	0.17 (91)	0.69 (86)	1.0 (91)	0.6 (88)	0.78 (92)

注：氨基酸7（括弧中为利用率）

续表

原料	干物质(%)	粗蛋白(%)	乙醚浸提物(%)	粗纤维(%)	钙(%)	总磷(%)	有效磷(%)	灰分(%)	家禽代谢能(ME5)/(MJ/kg)/(kcal/kg)	氨基酸7(括弧中为利用率) 蛋氨酸(%)	胱氨酸(%)	赖氨酸(%)	色氨酸(%)	苏氨酸(%)	异亮氨酸(%)	组氨酸(%)	缬氨酸(%)	亮氨酸(%)	精氨酸(%)	苯丙氨酸(%)
软粒小麦	86	10.8	1.7	2.8	0.05	0.3	0.11	2.0	13.4 / 3210	0.14 (87)	0.2 (87)	0.3 (81)	0.12	0.28 (83)	0.43 (88)	0.2 (91)	0.48 (86)	0.6 (91)	0.4 (88)	0.49 (92)
小麦麸	89	14.8	4.0	10.0	0.14	1.17	0.38	6.4	5.4 / 1300	0.2	0.3	0.6	0.3	0.48	0.6	0.3	0.7	0.9	1.07	0.57
碎小麦	89	16.0	4.2	6.0	0.11	0.76	0.21	8.2	10.6 / 2530	0.18 (80)	0.25 (69)	0.78 (81)	0.23	0.5 (79)	0.7 (82)	0.32 (84)	0.77 (82)	1.0 (84)	0.95 (86)	0.70 (85)
小麦胚芽粉	89	25.0	7.0	3.5	0.01	1.0	0.31	5.3	11.8 / 2820	0.42	0.46	1.37	0.3	0.94	0.79	0.62	1.12	1.1	1.83	0.93
次小麦粉	89	15.0	3.6	8.5	0.15	0.91	0.28	5.5	8.7 / 2090	0.12	0.19	0.7	0.2	0.5	0.7	0.4	0.8	1.1	1.0	0.5
小麦筛渣(1#)	89	14.8	2.6	6.2	0.18	0.43	0.11	2.1	11.6 / 2780	0.17	0.2	0.4	0.1	0.3	0.47	0.2	0.54	0.8	0.6	0.7
小麦筛渣(2#)	92	12.5	3.9	7.6	0.13	0.32	0.09	4.3	11.1 / 2650	0.12	0.1	0.48	0.1	0.3	0.42	0.26	0.52	0.6	0.82	0.4
小麦筛渣	91	12.4	4.5	13.4	0.23	0.29	0.09	10.3	4.0 / 950	0.15	缺	0.3	缺	0.4	0.4	0.2	0.58	1.0	0.6	0.5
干乳清粉(低乳糖)	94	17.0	1.0	0.0	1.5	1.2	1.2	19.0	8.8 / 2100	0.57	0.57	1.47	0.36	0.86	1.07	0.33	0.94	1.7	0.59	0.72
干乳清粉	94	12.0	0.7	0.0	0.87	0.79	0.79	9.7	7.9 / 1900	0.2	0.3	1.1	0.2	0.8	0.90	0.2	0.7	1.2	0.4	0.4
酵母培养物	93	14.0	3.5	6.0	0.28	0.71	0.19	4.0	11.0 / 2640	0.34	0.25	0.65	0.13	0.6	0.71	0.45	0.81	缺	0.85	0.67
饲酵母(干)	93	48.5	2.0	2.7	0.5	1.6	0.45	8.0	9.0 / 2160	0.80	0.6	3.8	0.5	2.6	2.9	1.4	2.90	3.5	2.6	3.0

第三节　肉鸡营养需要与饲养标准

肉鸡营养需要：主要包括蛋白质、碳水化合物、脂肪、矿物质及维生素 5 种。此外，水及氧气也是重要的营养，因取得容易，通常不列入营养成分加以考虑。

饲养标准概念：指在不同生理阶段，为达到某一生产水平，每日（每千克饲粮）必须供给每只肉鸡各种营养物质的最适数量的标准。肉鸡的饲养标准，是经过科学试验和生产检验，制定出最合理的供给肉鸡营养的标准。生产中常以每千克饲粮中营养素含量表示。

肉鸡饲养标准目前有中国（NY/T 33—2004），美国 NRC（1994）、英国 ARC 标准、法国 AEC 标准、一些大型育种公司饲养手册及研究机构推荐的饲养标准等。

1　中国（NY/T 33—2004）

1.1　白羽肉鸡（表 2 - 4）

表 2 - 4　白羽肉鸡的营养需要

营养素	0~3w	4~6w	7w 以上	0~2w	3~6w	7w 以上
代谢能（Mcal/kg）	3.00	3.10	3.15	3.05	3.10	3.15
蛋白质（%）	21.5	20.0	18.0	22.0	20.0	17.0
蛋白能量比（g/Mcal）	71.67	64.52	57.14	72.13	64.52	53.97
赖氨酸能量比（g/Mcal）	3.83	3.23	2.81	3.67	3.23	2.60
赖氨酸（%）	1.15	1.00	0.87	1.20	1.00	0.82
蛋氨酸（%）	0.50	0.40	0.34	0.52	0.40	0.32
胱 + 蛋氨酸（%）	0.91	0.76	0.65	0.92	0.76	0.63
苏氨酸（%）	0.81	0.72	0.68	0.84	0.72	0.64

续表

营养素	0～3w	4～6w	7w以上	0～2w	3～6w	7w以上
色氨酸（%）	0.21	0.18	0.17	0.21	0.18	0.16
精氨酸（%）	1.20	1.12	1.01	1.25	1.12	0.95
亮氨酸（%）	1.26	1.05	0.94	1.32	1.05	0.89
异亮氨酸（%）	0.81	0.75	0.63	0.84	0.75	0.59
苯丙氨酸（%）	0.71	0.66	0.58	0.74	0.66	0.55
苯丙＋酪氨酸（%）	1.27	1.15	1.00	1.32	1.15	0.98
组氨酸（%）	0.35	0.32	0.27	0.36	0.32	0.25
脯氨酸（%）	0.58	0.54	0.47	0.60	0.54	0.44
缬氨酸（%）	0.85	0.74	0.64	0.90	0.74	0.72
甘＋丝氨酸（%）	1.24	1.10	0.96	1.30	1.10	0.93
钙（%）	1.00	0.90	0.80	1.05	0.95	0.80
总磷（%）	0.68	0.65	0.60	0.68	0.65	0.60
非植酸磷（%）	0.45	0.40	0.35	0.50	0.40	0.35
钠（%）	0.20	0.15	0.15	0.20	0.15	0.15
氯（%）	0.20	0.15	0.15	0.20	0.15	0.15
铁（mg/kg）	100	80	80	120	80	80
铜（mg/kg）	8	8	8	10	8	8
锌（mg/kg）	100	80	80	120	80	80
锰（mg/kg）	120	100	80	120	100	80
碘（mg/kg）	0.70	0.70	0.70	0.70	0.70	0.70
硒（mg/kg）	0.30	0.30	0.30	0.30	0.30	0.30
亚油酸（%）	1	1	1	1	1	1
VA（IU/kg）	8 000	8 000	2 700	10 000	6 000	2 700
VD（IU/kg）	1 000	750	400	2 000	1 000	400
VE（IU/kg）	20	10	10	30	10	10
VK（mg/kg）	0.5	0.5	0.5	1.0	0.5	0.5
硫胺素（mg/kg）	2.0	2.0	2.0	2.0	2.0	2.0
核黄素（mg/kg）	8.0	5.0	5.0	10.0	5.0	5.0
泛酸（mg/kg）	10	10	10	10	10	10
烟酸（mg/kg）	35	30	30	45	30	30
吡哆醇（mg/kg）	3.5	3	3	4.0	3	3
生物素（mg/kg）	0.18	0.15	0.10	0.20	0.15	0.10
叶酸（mg/kg）	0.55	0.55	0.50	1.00	0.55	0.50
VB_{12}（mg/kg）	0.01	0.010	0.007	0.01	0.010	0.007
胆碱（mg/kg）	1 300	1 000	750	1 500	1 200	750

1.2 白羽肉种鸡（表2-5、表2-6）

表2-5 白羽肉种鸡营养需要

营养素	0~6w	7~18w	19%~5%	开产~高峰>65%	高峰后<65%
代谢能（Mcal/kg）	2.90	2.85	2.80	2.80	2.80
蛋白质（%）	18.0	15.0	16.0	17.0	16.0
蛋白能量比（g/Mcal）	62.07	52.63	57.14	60.71	57.14
赖氨酸能量比（g/Mcal）	3.17	2.28	2.68	2.86	2.68
赖氨酸（%）	0.92	0.65	0.75	0.80	0.75
蛋氨酸（%）	0.34	0.30	0.32	0.34	0.30
胱+蛋氨酸（%）	0.72	0.56	0.62	0.64	0.60
苏氨酸（%）	0.52	0.48	0.50	0.55	0.50
色氨酸（%）	0.20	0.17	0.16	0.17	0.16
精氨酸（%）	0.90	0.75	0.90	0.90	0.88
亮氨酸（%）	1.05	0.81	0.86	0.86	0.81
异亮氨酸（%）	0.66	0.58	0.58	0.58	0.58
苯丙氨酸（%）	0.52	0.39	0.42	0.51	0.48
苯丙+酪氨酸（%）	1.00	0.77	0.82	0.85	0.80
组氨酸（%）	0.26	0.21	0.22	0.24	0.21
脯氨酸（%）	0.50	0.41	044	0.45	0.42
缬氨酸（%）	0.62	0.47	0.50	0.66	0.51
甘+丝氨酸（%）	0.70	0.53	0.56	0.57	0.54
钙（%）	1.00	0.90	2.0	3.30	3.50
总磷（%）	0.68	0.65	0.65	0.68	0.65
非植酸磷（%）	0.45	0.40	0.42	0.45	0.42
钠（%）	0.18	0.18	0.18	0.18	0.18
氯（%）	0.18	0.18	0.18	0.18	0.18
铁（mg/kg）	60	60	80	80	80
铜（mg/kg）	6	6	8	8	8
锌（mg/kg）	80	80	100	100	100
锰（mg/kg）	60	60	80	80	80

第二章　营养素与饲养标准

续表

营养素	0~6w	7~18w	19%~5%	开产~高峰>65%	高峰后<65%
碘（mg/kg）	0.70	0.70	1.00	1.00	1.00
硒（mg/kg）	0.30	0.30	0.30	0.30	0.30
亚油酸（%）	1	1	1	1	1
VA（IU/kg）	8 000	6 000	9 000	12 000	12 000
VD（IU/kg）	1 600	1 200	1 800	2 400	2 400
VE（IU/kg）	20	10	10	30	30
VK（mg/kg）	1.5	1.5	1.5	1.5	1.5
硫胺素（mg/kg）	1.8	1.5	1.5	2.0	2.0
核黄素（mg/kg）	8	6	6	9	9
泛酸（mg/kg）	12	10	10	12	12
烟酸（mg/kg）	30	20	20	35	35
吡哆醇（mg/kg）	3.0	3.0	3.0	4.5	4.5
生物素（mg/kg）	0.15	0.10	0.10	0.20	0.20
叶酸（mg/kg）	1.0	0.5	0.5	1.2	1.2
VB_{12}（mg/kg）	0.10	0.006	0.008	0.012	0.012
胆碱（mg/kg）	1 300	900	500	500	900

表2-6　白羽肉种鸡体重与耗料随日龄变化图

周龄（周）	1	2	3	4	5	6	7	8	9	10
周末体重（g）	90	185	340	430	520	610	700	795	890	985
耗料（g）	100	168	231	266	287	301	322	336	357	378
累计耗料（g）	100	268	499	765	1 052	1 353	1 675	2 011	2 368	2 746
周龄（周）	11	12	13	14	15	16	17	18	19	20
周末体重（g）	1 080	1 180	1 280	1 380	1 480	1 595	1 710	1 840	1 970	2 100
耗料（g）	406	434	462	497	518	553	588	630	658	707
累计耗料（g）	3 152	3 586	4 048	4 545	5 063	5 616	6 204	6 834	7 492	8 199
周龄（周）	21	22	23	24	25	29	33	43	58	
周末体重（g）	2 250	2 400	2 550	2 710	2 870	3 477	3 603	3 608	3 782	
耗料（g）	749	798	847	896	952	1 190	1 169	1 141	1 064	
累计耗料（g）	8 948	9 746	10 593	11 498	12 441	13 631	14 800	15 941	17 005	

1.3 黄羽肉仔鸡（表2-7、表2-8）

表2-7 黄羽肉鸡体重与耗料随日龄变化图

周龄（周）		1	2	3	4	5	6	7	8	9	10	11	12
周末体重	公鸡	88	199	320	492	631	870	1 274	1 560	1 814			
（g/只）	母鸡	89	175	253	378	493	622	751	949	1 137	1 254	1 380	1 548
耗料量	公鸡	76	201	269	371	516	632	751	719	836			
（g/只）	母鸡	70	130	142	266	295	358	359	479	534	540	549	514
累计耗料量	公鸡	76	277	546	917	1 433	2 065	2 816	3 535	4 371			
（g/只）	母鸡	70	200	342	608	907	1 261	1 620	2 099	2 633	3 028	3 577	4 091

表2-8 黄羽肉鸡的营养需要

营养素	♀0~4w ♂0~3w	♀5~8w ♂4~5w	♀>8w ♂>5w	营养素	♀0~4w ♂0~3w	♀5~8w ♂4~5w	♀>8w ♂>5w
代谢能（Mcal/kg）	2.90	3.00	3.10	氯（%）	0.15	0.15	0.15
蛋白质（%）	21.0	19.0	16.0	铁（mg/kg）	80	80	80
蛋白能量比（g/Mcal）	72.41	63.33	51.61	铜（mg/kg）	8	8	8
赖氨酸能量比（g/Mcal）	3.62	3.27	2.74	锌（mg/kg）	80	80	80
赖氨酸（%）	1.05	0.98	0.85	锰（mg/kg）	60	60	60
胱+蛋氨酸（%）	0.85	0.72	0.65	碘（mg/kg）	0.35	0.35	0.35
苏氨酸（%）	0.76	0.74	0.68	硒（mg/kg）	0.15	0.15	0.15
色氨酸（%）	0.19	0.18	0.16	亚油酸（%）	1	1	1
精氨酸（%）	1.19	1.10	1.00	VA（IU/kg）	5 000	5 000	5 000
亮氨酸（%）	1.15	1.09	0.93	VD（IU/kg）	1 000	1 000	1 000
异亮氨酸（%）	0.76	0.73	0.62	VE（IU/kg）	10	10	10
苯丙氨酸（%）	0.69	0.65	0.56	VK（mg/kg）	0.50	0.50	0.50
苯丙+酪氨酸（%）	1.28	1.22	1.00	硫胺素（mg/kg）	1.80	1.80	1.80
组氨酸（%）	0.33	0.32	0.27	核黄素（mg/kg）	3.60	3.60	3.60
脯氨酸（%）	0.57	0.55	0.46	泛酸（mg/kg）	10	10	10
缬氨酸（%）	0.86	0.82	0.70	烟酸（mg/kg）	35	30	25

营养素	♀0~4w♂0~3w	♀5~8w♂4~5w	♀>8w♂>5w	营养素	♀0~4w♂0~3w	♀5~8w♂4~5w	♀>8w♂>5w
甘+丝氨酸（%）	1.19	1.14	0.97	吡哆醇(mg/kg)	3.5	3.5	3.0
钙（%）	1.00	0.90	0.80	生物素(mg/kg)	0.15	0.15	0.15
总磷（%）	0.68	0.65	0.60	叶酸（mg/kg）	0.55	0.55	0.55
非植酸磷(%)	0.45	0.40	0.35	VB_{12}（mg/kg）	0.01	0.01	0.01
钠（%）	0.15	0.15	0.15	胆碱（mg/kg）	1 000	750	500

1.4　黄羽肉种鸡（表2-9、表2-10）

表2-9　黄羽肉种鸡体重与耗料随日龄变化表

周龄（周）	1	2	3	4	5	6	7	8	9	10	11
周末体重(g)	110	180	250	330	410	500	600	690	780	870	950
耗料(g)	90	196	252	266	280	294	322	343	364	385	406
累计耗料(g)	90	286	538	804	1 084	1 378	1 700	2 043	2 407	2 792	3 198
周龄（周）	12	13	14	15	16	17	18	19	20	21 *	22
周末体重(g)	1 030	1 110	1 190	1 270	1 350	1 430	1 510	1 600	1 700	1 780	1 860
耗料(g)	427	448	469	490	511	532	553	574	595	616	644
累计耗料(g)	3 625	4 073	4 542	5 032	5 543	6 075	6 628	7 202	7 797	616	1 260
周龄（周）	24	26	28	30	32	34	36	38	40	42	44
周末体重(g)	2 030	2 200	2 280	2 310	2 330	2 360	2 390	2 410	2 440	2 460	2 480
耗料(g)	700	840	910	910	889	889	875	875	854	854	840
累计耗料(g)	1 960	2 800	3 710	4 620	5 509	6 398	7 273	8 148	9 002	9 856	10 696
周龄（周）	46	48	50	52	54	56	58	60	62	64	66
周末体重(g)	2 500	2 520	2 540	2 560	2 580	2 600	2 620	2 630	2 640	2 650	2 660
耗料(g)	840	826	826	805	805	805	805	805	805	805	805
累计耗料(g)	11 536	12 362	13 188	14 014	14 819	15 624	16 429	17 234	18 039	18 844	19 649

*：为产蛋期，累计好料重新计算

表2-10　黄羽肉种鸡的营养需要

营养素	0~6w	7~18w	19%~5%	产蛋期
代谢能（Mcal/kg）	2.90	2.70	2.75	2.75
蛋白质（%）	20.0	15.0	16.0	16.0
蛋白能量比（g/Mcal）	68.96	55.56	58.18	58.18
赖氨酸能量比（g/Mcal）	3.10	2.32	2.91	2.91

续表

营养素	0～6w	7～18w	19%～5%	产蛋期
赖氨酸（%）	0.90	0.75	0.80	0.80
蛋氨酸（%）	0.38	0.29	0.37	0.40
胱＋蛋氨酸（%）	0.69	0.61	0.69	0.80
苏氨酸（%）	0.58	0.52	0.55	0.56
色氨酸（%）	0.18	0.16	0.17	0.17
精氨酸（%）	0.99	0.87	0.90	0.95
亮氨酸（%）	0.94	0.74	0.83	0.86
异亮氨酸（%）	0.60	0.55	0.56	0.60
苯丙氨酸（%）	0.51	0.48	0.50	0.51
苯丙＋酪氨酸（%）	0.86	0.81	0.82	0.84
组氨酸（%）	0.28	0.24	0.25	0.26
脯氨酸（%）	0.43	0.39	0.40	0.42
缬氨酸（%）	0.60	0.52	0.57	0.70
甘＋丝氨酸（%）	0.77	0.69	0.75	0.78
钙（%）	0.90	0.90	2.00	3.00
总磷（%）	0.65	0.61	0.63	0.65
非植酸磷（%）	0.40	0.36	0.38	0.41
钠（%）	0.16	0.16	0.16	0.16
氯（%）	0.16	0.16	0.16	0.16
铁（mg/kg）	54	54	72	72
铜（mg/kg）	5.4	5.4	7.0	7.0
锌（mg/kg）	54	54	72	72
锰（mg/kg）	72	72	90	90
碘（mg/kg）	0.60	0.60	0.90	0.90
硒（mg/kg）	0.27	0.27	0.27	0.27
亚油酸（%）	1	1	1	1
VA（IU/kg）	7 200	5 400	7 200	10 800
VD（IU/kg）	1 440	1 080	1 620	2 160
VE（IU/kg）	18	9	9	27
VK（mg/kg）	1.4	1.4	1.4	1.4
硫胺素（mg/kg）	1.6	1.4	1.4	1.8
核黄素（mg/kg）	7	5	5	8
泛酸（mg/kg）	11	9	9	11
烟酸（mg/kg）	27	18	18	32
吡哆醇（mg/kg）	2.7	2.7	2.7	4.1

续表

营养素	0～6w	7～18w	19%～5%	产蛋期
生物素（mg/kg）	0.14	0.09	0.09	0.18
叶酸（mg/kg）	0.90	0.45	0.45	1.08
VB$_{12}$（mg/kg）	0.009	0.005	0.007	0.01
胆碱（mg/kg）	1 170	810	450	450

2 美国 NRC（1994）（表2－11）

表2－11 建议的肉用仔鸡日粮中营养需要量（干物质含量90%）

营养成分	0～3w	3～6w	6～8w	营养成分	0～3w	3～6w	6～8w
代谢能（MJ/kg）	13.39	13.39	13.39	钾（%）	0.30	0.30	0.30
粗蛋白（%）	23.00	20.00	18.00	钠（%）	0.20	0.15	0.12
精氨酸（%）	1.25	1.10	1.00	铜（mg/kg）	8	8	8
甘＋丝氨酸（%）	1.25	1.14	0.97	碘（mg/kg）	0.35	0.35	0.35
组氨酸（%）	0.35	0.32	0.27	铁（mg/kg）	80	80	80
异亮氨酸（%）	0.80	0.73	0.62	锰（mg/kg）	60	60	60
亮氨酸（%）	1.20	1.09	0.93	硒（mg/kg）	0.15	0.15	0.15
赖氨酸（%）	1.10	1.00	0.85	锌（mg/kg）	40	40	40
蛋氨酸（%）	0.50	0.38	0.32	VA（IU/kg）	1 500	1 500	1 500
蛋＋胱氨酸（%）	0.90	0.72	0.60	VD$_3$（IU/kg）	200	200	200
苯丙氨酸（%）	0.72	0.65	0.56	VE（IU/kg）	10	10	10
苯丙＋酪氨酸（%）	1.34	1.22	1.04	VK（mg/kg）	0.50	0.50	0.50
脯氨酸（%）	0.60	0.55	0.46	VB$_{12}$（mg/kg）	0.01	0.01	0.007
苏氨酸（%）	0.80	0.74	0.68	生物素（mg/kg）	0.15	0.15	0.12
色氨酸（%）	0.20	0.18	0.16	胆碱（mg/kg）	1 300	1 000	750
缬氨酸（%）	0.90	0.82	0.70	叶酸（mg/kg）	0.55	0.55	0.50
亚油酸（%）	1.00	1.00	1.00	烟酸（mg/kg）	35	30	25
钙（%）	1.00		0.80	泛酸（mg/kg）	10	10	10
氯（%）	0.20	0.15	0.12	吡哆醇（mg/kg）	3.5	3.5	3.0
镁（%）	600	600	600	核黄素（mg/kg）	3.6	3.6	3.0
非植酸磷（%）	0.45	0.35	0.30	硫胺素（mg/kg）	1.8	1.8	1.8

3 《实用家禽营养》（第三版）推荐值 （表2－12、表2－13）

表2－12 肉仔鸡的营养需要

项目	高营养浓度				低营养浓度			
	0～18天	19～30天	31～41天	>42天	0～18天	19～30天	31～41天	>42天
粗蛋白（%）	22	20	18	16	21	19	17	15
代谢能（Mcal/kg）	3.05	3.0	3.15	3.2	2.85	2.9	2.95	3.0
钙（%）	0.95	0.92	0.89	0.85	0.95	0.9	0.85	0.8
有效磷（%）	0.45	0.41	0.38	0.36	0.45	0.41	0.36	0.34
钠（%）	0.22	0.21	0.20	0.20	0.22	0.21	0.19	0.18
蛋氨酸（%）	0.5	0.44	0.38	0.36	0.45	0.4	0.35	0.32
蛋＋胱氨酸（%）	0.95	0.88	0.75	0.72	0.9	0.81	0.72	0.7
赖氨酸（%）	1.3	1.15	1.0	0.95	1.2	1.08	0.95	0.92
苏氨酸（%）	0.72	0.62	0.55	0.5	0.68	0.6	0.5	0.45
色氨酸（%）	0.22	0.2	0.18	0.16	0.21	0.19	0.17	0.14
精氨酸（%）	1.4	1.25	1.1	1.0	1.3	1.15	1.0	0.95
缬氨酸（%）	0.85	0.66	0.56	0.5	0.78	0.64	0.52	0.48
亮氨酸（%）	1.4	1.1	0.9	0.8	1.2	0.9	0.8	0.75
异亮氨酸（%）	0.75	0.65	0.55	0.45	0.68	0.6	0.5	0.42
组氨酸（%）	0.4	0.32	0.28	0.24	0.37	0.28	0.25	0.21
苯丙氨酸（%）	0.75	0.68	0.6	0.5	0.7	0.65	0.55	0.46
胆碱（mg/kg）	400	400	400	400	400	400	400	400

微量营养成分需要*					
VA（KIU/kg）	8 000	泛酸（mg/kg）	14	铜（mg/kg）	8
VD₃（KIU/kg）	3 500	烟酸（mg/kg）	40	铁（mg/kg）	20
VE（mg/kg）	50	VB₆（mg/kg）	14	锰（mg/kg）	70
VK₃（mg/kg）	3	生物素（mg/kg）	100	锌（mg/kg）	70
VB₁（mg/kg）	4	叶酸（mg/kg）	1	碘（mg/kg）	0.5
VB₂（mg/kg）	5	VB₁₂（ug/kg）	12	硒（mg/kg）	0.3

＊：各阶段采用比例高营养浓度（100%、80%、70%、50%）、低营养浓度 （100%、70%、60%、40%）

第二章　营养素与饲养标准

表2-13　肉种鸡的营养需要

项目	育雏育成				产蛋			种公鸡
	0~4w	4~12w	12~20w	20~22w	22~34w	34~54w	54~64w	22~64w
粗蛋白（%）	18.5	17.0	16.0	16.0	16.0	15.0	14.0	12.0
代谢能（Mcal/kg）	2.85	2.85	2.85	2.85	2.85	2.85	2.85	2.75
钙（%）	0.95	0.92	0.89	2.25	3.00	3.20	3.40	0.75
有效磷（%）	0.45	0.40	0.38	0.42	0.41	0.38	0.34	0.30
钠（%）	0.20	0.19	0.17	0.17	0.18	0.18	0.18	0.18
蛋氨酸（%）	0.42	0.35	0.32	0.37	0.36	0.32	0.30	0.28
蛋+胱氨酸（%）	0.80	0.72	0.65	0.64	0.65	0.62	0.59	0.55
赖氨酸（%）	1.00	0.90	0.80	0.77	0.80	0.74	0.68	0.55
苏氨酸（%）	0.72	0.67	0.60	0.58	0.62	0.61	0.57	0.51
色氨酸（%）	0.20	0.18	0.16	0.15	0.18	0.16	0.14	0.13
精氨酸（%）	1.15	1.00	0.86	0.80	0.90	0.82	0.74	0.65
缬氨酸（%）	0.75	0.70	0.65	0.60	0.60	0.55	0.50	0.46
亮氨酸（%）	0.90	0.85	0.92	0.88	0.80	0.74	0.70	0.64
异亮氨酸（%）	0.70	0.60	0.51	0.48	0.62	0.58	0.52	0.45
组氨酸（%）	0.20	0.18	0.29	0.26	0.18	0.17	0.16	0.12
苯丙氨酸（%）	0.65	0.60	0.53	0.49	0.55	0.50	0.45	0.40
胆碱（mg/kg）	500	500	500	500	500	500	500	500

微量营养成分需要*

VA（KIU/kg）	8 000	泛酸（mg/kg）	12	铜（mg/kg）	6
VD₃（KIU/kg）	3 000	烟酸（mg/kg）	40	铁（mg/kg）	30
碘（mg/kg）	0.5	VB₆（mg/kg）	4	锰（mg/kg）	60
VK₃（mg/kg）	3	生物素（mg/kg）	100	锌（mg/kg）	60
VB₁（mg/kg）	2	叶酸（mg/kg）	0.75	VE（mg/kg）	50
VB₂（mg/kg）	10	VB₁₂（ug/kg）	15	硒（mg/kg）	0.3

*：本列为产蛋肉种鸡和公鸡营养需要

4 陕西省推荐标准：畜禽复合预混合饲料（DB61/T 392—2009）（表2-14、表2-15）

表2-14 白羽肉用仔鸡用复合预混合饲料营养成分指标

产品、指标	1%			3%			5%		
	0~3w	4~6w	7w出栏	0~3w	4~6w	7w出栏	0~3w	4~6w	7w出栏
VA（KIU/kg）	800	600	270	270	200	90	160	120	55
VD$_3$（KIU/kg）	100	75	40	35	25	15	20	15	10
VE（mg/kg）	2 000	1 000	1 000	700	340	340	400	200	200
VK$_3$（mg/kg）	50	50	50	17	17	17	10	10	10
VB$_1$（mg/kg）	200	200	200	70	70	70	40	40	40
VB$_2$（mg/kg）	800	500	300	300	170	100	160	100	60
泛酸（mg/kg）	1 000	1 000	1 000	340	340	340	200	200	200
烟酸（mg/kg）	3 500	3 000	3 000	1 200	1 000	1 000	700	600	600
VB$_6$（mg/kg）	350	300	300	120	100	100	70	60	60
生物素（mg/kg）	18	15	10	6	5	4	4	3	2
叶酸（mg/kg）	55	55	50	20	20	17	11	11	10
VB$_{12}$（ug/kg）	1 000	1 000	700	350	350	240	200	200	140
铜（mg/kg）	800	800	800	300	300	300	160	160	160
铁（g/kg）	10	8	8	3.3	2.7	2.7	2	1.6	1.6
锰（g/kg）	12	10	8	4	3.4	2.7	2.4	2	1.6
锌（g/kg）	10	8	8	3.3	2.7	2.7	2	1.6	1.6
碘（mg/kg）	70	70	70	24	24	24	14	14	14
硒（mg/kg）	30	30	30	10	10	10	6	6	6
钙（%）							16	14	12
总磷（%）							6	6	5

蛋氨酸、赖氨酸：生产企业根据推荐配方确定

表 2−15　黄羽肉鸡鸡用复合预混合饲料营养成分指标

产品　指标	1%			3%			5%		
	0~4w	5~8w	9w 出栏	0~4w	5~8w	9w 出栏	0~4w	5~8w	9w 出栏
VA（KIU/kg）	800	600	500	270	200	170	160	120	100
VD_3（KIU/kg）	100	100	100	34	34	34	20	20	20
VE（mg/kg）	1 000	1 000	1 000	340	340	340	200	200	200
VK_3（mg/kg）	50	50	50	17	17	17	10	10	10
VB_1（mg/kg）	180	180	180	60	60	60	36	36	36
VB_2（mg/kg）	360	360	300	120	120	100	72	72	60
泛酸（mg/kg）	1 000	1 000	1 000	340	340	340	200	200	200
烟酸（mg/kg）	3 500	3 000	2 500	1 200	1 000	800	700	600	500
VB_6（mg/kg）	350	350	350	120	120	120	70	70	70
生物素(mg/kg)	20	15	10	8	5	4	4	3	2
叶酸（mg/kg）	55	55	55	18	18	18	11	11	11
VB_{12}（μg/kg）	1 000	1 000	1 000	340	340	340	200	200	200
铜（mg/kg）	800	800	800	300	800	800	160	160	160
铁（mg/kg）	8 000	8 000	8 000	2 700	2 700	2 700	1 600	1 600	1 600
锰（mg/kg）	8 000	8 000	8 000	2 700	2 700	2 700	1 600	1 600	1 600
锌（mg/kg）	8 000	6 000	6 000	2 700	2 000	2 000	1 600	1 200	1 200
碘（mg/kg）	35	35	35	13	13	13	7	7	7
硒（mg/kg）	30	30	30	10	10	10	6	6	6
钙（%）							16	14	12
总磷（%）							6	4	6

蛋氨酸、赖氨酸：生产企业根据推荐配方确定

5　福建省推荐标准：土鸡放养技术规范（DB35/T 1084—2010）（表 2−16）

表 2−16　土鸡不同阶段配合饲料营养水平建议量

项目	指标			项目	指标		
周龄（周）	1~4	5~11	>12	周龄（周）	1~4	5~11	>12
代谢能（MJ/kg）	11.93	11.93~12.35	12.35~12.77	VA（KIU/kg）	9 000	9 000	7 500
粗蛋白质（%）	20.0~19.0	17.0~16.0	15.0~14.0	VD_3（KIU/kg）	3 300	3 300	2 500

项目	指标			项目	指标		
周龄（周）	1~4	5~11	>12	周龄（周）	1~4	5~11	>12
赖氨酸（%）	0.98	0.84	0.73	VE（mg/kg）	30	30	30
蛋＋胱氨酸（%）	0.82	0.70	0.64	VK_3（mg/kg）	2.2	2.0	1.6
色氨酸（%）	0.17	0.16	0.14	VB_1（mg/kg）	2.2	2.2	2.0
苏氨酸（%）	0.68	0.65	0.57	VB_2（mg/kg）	8.0	8.0	6.0
钙（%）	0.90	0.85	0.80	泛酸钙（mg/kg）	12.0	12.0	9.0
非植酸磷（%）	0.42	0.40	0.38	烟酸（mg/kg）	60.0	60.0	50.0
铁（mg/kg）	80	80	80	VB_6（mg/kg）	4.4	4.4	3.4
铜（mg/kg）	10	10	8	叶酸（mg/kg）	1.0	1.0	0.75
锰（mg/kg）	80	80	60	VB_{12}（ug/kg）	22	22	15
锌（mg/kg）	68	68	40	生物素（mg/kg）	0.2	0.2	0.15
碘（mg/kg）	0.45	0.45	0.35	胆碱（mg/kg）	1 300	1 000	750
硒（mg/kg）	0.35	0.35	0.15				

6 肉鸡的阶段划分

因为饲养的肉仔鸡品种多种多样，各国的饲养标准也有所不同（表2-17）。划分生理阶段的依据不外乎：动物的性成熟（但是肉仔鸡尚处于幼龄阶段，不涉及性成熟）；各阶段生理和生长特点（肉仔鸡快速生长，每天的营养需要均在发生变化，但是每天调整营养需要显然不可能，并且动物有一定能力的补偿生长，因此，对肉仔鸡的营养需要进行阶段划分）。此外，确定肉鸡饲养阶段的划分依据也应考虑地域的气候条件。

表 2 - 17 各标准对肉仔鸡生理阶段的划分

肉鸡	阶段划分	来源
白羽肉仔鸡	0~3w, 4~6w, 7w 以上 0~2w, 3~6w, 7w 以上 0~3w, 4~6w, 7~8 w 0~18 天, 19~30 天, 31~41 天, 42 天以上	NY/T 33—2004 NY/T 33—2004 NRC（1994） 加拿大《实用家禽营养》
白羽肉种鸡	0~6w, 7~18w, 19w 至开产, 开产至 高峰, 高峰后 0~4w, 5~12w, 13~ 20w, 21~22w, 23~34w, 35~54w, 55~64w; 种公鸡 23~64w	NY/T 33—2004 加拿大《实用家禽营养》
黄羽肉仔鸡	0~4w, 5~8w, 9w 以上 0~3w, 4~5w, 5w 以上	NY/T 33—2004 NY/T 33—2004
黄羽肉种鸡	0~6w, 7~18w, 19w 至开产, 产蛋	NY/T 33—2004

第三章　饲料加工调制

　　饲料加工包括饲料原料收获、干燥、贮藏、运输、接收以及粉碎、膨化、混合、制粒等工业化饲料生产过程。

　　饲料调制是根据动物生长阶段、饲养管理条件、动物特性和当地饲料资源及价格等情况，进行饲料原料及其加工工艺的选择和搭配、混合，成品饲料形状（颗粒料、湿拌料、稠粥料、干粉料和稀水料等）的确定和成型等加工过程。

　　饲料加工与调制的目的：改变饲料原料形状，使之易于与其他饲料原料混合；改善饲料的营养价值和适口性，制作营养平衡的、能满足动物需要的全价配合饲料；增加采食量，促进动物生长。

第一节　饲料加工调制设备与工艺

　　配合饲料的生产过程包括原料的接受、贮存、清理、粉碎、输送、配料、混合、制粒、成品包装、运送等环节（图3-1）。

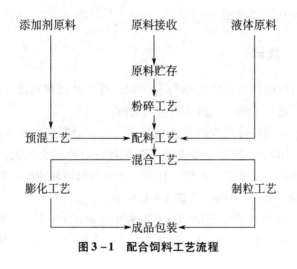

图3-1　配合饲料工艺流程

1　接收初筛

主要清理谷物饲料和加工副产品。谷物原料杂质较多，可采用初清筛去除大的杂物、铁磁金属物、石块、玉米芯、麻片、秸秆、麻绳、碎料片等。然后采用粮食加工中的振动分级筛去除泥沙。推荐使用的筛孔，上层筛20mm×20mm或φ20～φ25mm，下层筛1.5mm×1.5mm或φ1.2-φ1.5mm。饼粕类原料，成团物料较多，为了将成团物料打碎，通常可采用圆筒初清筛。筛孔尺寸可按φ10-φ15mm选取。一般规定大杂清除率为100%，铁杂清除率≥99.5%。

原料在储存过程中要做到：①正确堆放，做好原料标签，包括品名、时间、进货数量、来源、并按顺序垛放，防止混杂和交叉污染。②贮存在干燥、阴凉、通风的地方，保持良好的温度、湿度，防止霉变。③勤打扫、勤翻料，防火、防盗、防鼠害、虫害和鸟害。④定期消毒。⑤贯彻先进先出、推陈出新原则。

2 粉碎

粉碎的目的是增加物料表面积，易于处理和输送，挤压、制粒等进一步加工，提高混合均匀度。

常用的粉碎机为锤片式粉碎机。大宗原料玉米、饼粕类、酒糟、DDGS、统糠、麸皮等需要粉碎，容重较大的无机盐类如硫酸盐、磷酸盐、石粉、盐等，肉鸡饲料原料粉碎时筛片孔径前期 2.0～2.5mm，后期 4～4.5mm。

微粉碎 当微量添加组分在配方中含量在1%左右，为提高微量组分颗粒的总数目，保证其散落性和混合均匀，必须将其粉碎得很细。

3 输送

从原料到成品的生产过程的各个工序之间，都需要采用不同类型的输送设备完成输送。

胶带输送机可用于输送粉状、粒状、块状和袋装物料，但输送粉料时容易起粉尘。

刮板式输送机适合输送块状、粒状和粉状物料。平槽刮板输送机用于输送粒料，U 形槽刮板输送机用于输送粉料，为残留物自清式输送设备。

长度超过 15m，采用刮板式输送机，立式快速螺旋输送机，一般高度不超过 5m。

螺旋输送机不能输送易于破碎的颗粒饲料，进料不匀时易造成堵塞。

斗式提升机适用于散粒和碎块物料，过载时易堵塞。散落性好不怕破碎的饲料，采用较高的畚斗带速度，即离心卸料；

散落性差的物料，一般采用较低的畚斗带速度，即重力卸料。

4　配料

大中型饲料厂基本上都采用微机控制的电子秤配料。

容重比较大的应该用小直径（或低转速）的配料搅龙给料；配料顺序上应先配大料，后配小料；配料时要尽量考虑到对秤斗对称下料，以免过分偏载影响电子秤的精度；电子秤的精度要定期校验。

配料精度要定出误差控制值：手工配制的添加剂误差 ≤ ±1/1 000；电脑配料系统对单组分的配料误差 ≤ ±2/1 000；总的配料误差也应控制在 ≤ ±2/1 000。

提高配料效率和精度的措施：①采用组合称重系统，"大秤配大料"、"小秤配小料"。②采用单、双绞龙喂料，对于大配比物料（例如玉米、麸皮等）快给料时采用双绞龙同时喂料，慢给料时采用单绞龙喂料，使大配比物料的给料（配料）时间缩短一半。③采用变频控制技术，快给料时电机工作频率在 50～60Hz，慢给料时电机工作频率在 5～10Hz。该项技术的应用在保证高速给料的同时又兼顾到配料精度不受影响。④采用空中量自动修正技术，即称重控制仪表自动检测喂料机构停止喂料后的空中量作为下一次控制的提前量，避免添加量超差，提高控制精度。⑤保证喂料绞龙使物料在出口处能较为均匀地下料，提高配料精度。

粉碎和配料次序：①先配料后粉碎工艺，按饲料配方的设计先进行配料并进行混合，然后进入粉碎机进行粉碎。该工艺无原料仓和粉碎仓，占地面积小，费用低。②先粉碎后配料工艺，先将待粉料进行粉碎，分别进入配料仓，然后再进行配料和混合。该工艺需要料仓较多，增加了建厂投资。

5 混合

适宜的装料：分批卧式螺带混合机充满系数 0.6~0.8，双轴桨叶式混合机 0.8~0.9，分批立式混合机 0.8~0.85，连续型混合机 0.3~0.5。

掌握好混合时间：混合时间不宜过短，但也不宜过长。时间过短，物料在混合机中没有得到充分混合，影响混合质量，时间过长，会使物料过度混合而造成分离，同样影响质量。

混合均匀度的变异系数 CV，国家规定配合饲料 CV≤10%，预混合饲料和浓缩饲料 CV≤5%，前者称为合格的混合，后者称为优良的混合。

按照正确的加料顺序：一般量大的组分先加或大部分加入机内后，再将少量或微量组分置于物料上面；粒度大的物料先加，粒度小的后加；比重小的物料先加，比重大的后加。主要原料由大配秤称重后进入混合机，含量在 0.5%~5% 的小料，由小配料秤称重后进入混合机，量更少的添加剂及易潮解的食盐等经称重后由人口加料口加入混合机。

生产预混合料时，一般先加入 50%~80% 的载体及稀释剂，再加入活性成分，最后加入剩余的载体及稀释剂。

尽量避免分离：采用添加油脂，保持粒度尽量一致，混合均匀后的成品饲料尽量减少装卸、缩短输送距离等；成品料最好使用刮板式或皮带输送机进行水平输送，以避免自动分级。

卧式螺带混合机，即使物料容重差异较大，由于利用对流混合作用进行混合，仍可将物料混合均匀。

物料流动性好，易于混合均匀，但最终的混合均匀度不高，且混合产品易于分级。

6　制粒

调质蒸汽　使用平稳干饱和蒸汽，锅炉蒸汽压力应达到 0.8MPa，输送到调质器之前，蒸汽压力调节到 0.21～0.4MPa。调质后饲料的水分在 15.5%～17%，温度 80～85℃。

调质时间　调质时间一般不应低于 20s，适当延长时间可提高调质效果。

压粒：配方原料不同，选用不同厚度的压模，对热敏度高的原料、纤维物质及无机盐含量高的饲料，应选用较薄型压模，而油脂、淀粉含量高的饲料，宜选用较厚型的压模。压模与压辊的间隙在 0.2～0.5mm，不同产品需要不同的间隙。环模模孔以直型孔为最好，环模压缩比为 1：8～1：14。刀模间隙一般不小于 3mm，切刀应保持锋利。更换新环模时，必须对内孔进行研磨后方可使用。

冷却：注意调节冷却系统的风量、冷却时间，确保颗粒含水量控制在安全水分范围（12%～13%）内，料温不高于室温 5℃为宜。制粒机最好安放在冷却器之上，以便热湿颗粒直接进入冷却器，避免颗粒破碎，省去输送装置。破碎机应放在冷却器下面，破碎或颗粒经提升机送到成品仓上面的分级筛，细分或筛上物回流或进仓更方便。为使颗粒自落舱底避免损坏，可在舱内安置垂直的螺旋滑槽，使其缓慢滑落。

配两个待制粒配合粉料仓效率高，一边更换配方时，制粒机不停机。物料进入制粒机前必须安置高效除铁器，以保护制粒机。

对于小型自配料肉鸡养殖户，不具备蒸汽制粒条件，可以购买平模或环模小型制粒机进行制粒。

7 包装储存

成品打包应放在成品仓之后，不要把打包设备直接安放在制粒机或分级筛之后，以免因制粒机产量变化而影响打包机正常工作。

成品打包仓：仓容按打包机1小时生产量计算。

散装成品仓：视运输情况，保证向4个车厢同时发放散装物品，其仓容为1~3天的储量。

检查包装秤，其设定重量应与包装要求重量一致，核查被包装的饲料和包装袋及标签是否正确无误，要保证缝包质量，不能漏缝和掉线。

成品在发放过程中要保证成品出厂检验是合格的，库存期限在控制的日期内，确保运输工具洁净，防止运输途中遭受烈日暴晒和雨淋。

将饲料用含塑料内膜的编织袋装好，尽量让编织袋离地，可以平放在木板架或铁架上。饲料摆放时，尽量与窗、墙壁保持一定的距离。如果不能做到离地离墙，尽量不能让封口处靠地、靠墙、靠窗，防止墙上渗水或潮气进入饲料袋。此外，仓库要通风、阴凉、干燥、清洁，没有霉积料。

为了保证产品质量，可在打包前根据产品产量按比例抽取部分产品进行检测，合格的才允许出厂。饲料成品库应干燥、通风，同时，做好防鼠、防虫害工作。饲料成品应坚持先进先出，尽量缩短成品的贮藏时间。过了保质期的产品不得出厂。

第二节 各类饲料加工调制方法

1 能量饲料

绝干物质中粗纤维含量低于18%，同时粗蛋白质含量低于20%的谷实类、糠麸类、草籽树实类、淀粉质的块根块茎瓜果以及油和糖蜜等其他类。

粉碎：玉米、高粱、麦类、谷粒等原粮类能量饲料不宜直接喂鸡。应将其磨成粉状或细小颗粒，做成配合饲料再喂。

熟化：淀粉质块根块茎类饲料，如甘薯、马铃薯等需煮熟后饲喂，可提高消化率和饲料利用率。

油化：将高能饲料动物植物油脂拌入饲料中，可改善适口性，提高日粮能量浓度。

糖化：能量饲料糖蜜可作为颗粒饲料的黏合剂，提高饲料质量，一般在鸡饲料中添加1%～3%。

2 蛋白质饲料

绝干物质中粗纤维含量低于18%，同时粗蛋白质含量为20%及以上的豆类、饼粕类、动物性饲料以及其他类。

热处理：植物蛋白质饲料（豆类及其饼粕等）中，有的含有多种蛋白酶抑制剂和脲酶等有害物质，需经蒸、煮、炒等加热处理，将抗营养因子破坏后才能饲喂。但加热时间不能过长，否则会使蛋白质变性，氨基酸被破坏。

水处理：有毒蛋白原料如棉粕、菜粕等，由于有些有害物质可溶于水，可使用水浸的方法处理。用清水浸泡冲洗菜籽饼粕,可部分除毒去辣。棉籽饼粕的游离棉酚,可用硫酸亚铁与其结合。可用0.1% ~0.2%的硫酸亚铁水溶液,按硫酸亚铁与游离棉酚5:1的重量比均匀喷洒在棉粕上,搅拌,过夜。但水处理不宜时间过长,否则会发霉变质。

压扁:蒸汽压片的玉米、大麦、小麦、大豆等谷物饲喂肉鸡,可提高消化率,改善动物的生产性能。

膨化:将饲料原料采用高温高压蒸汽挤压制成的多孔状膨化物料,可用降低有毒有害物质含量,提高消化率。常见的膨化原料有:膨化大豆、膨化玉米、膨化豆粕、膨化棉粕等。膨化原料多用于配制幼龄动物日粮。

3 矿物质饲料

矿物质饲料包括工业合成的、天然的单一种矿物质饲料,多种混合的矿物质饲料以及配有载体的常量元素的饲料。常用的有食盐、石粉、矿物质等。

石粉:主要是石灰石粉,加工过程应注意所用石粉中铅、汞、砷和氟的含量不得超过安全系数;石粉粒度对鸡应为0.628~0.559mm,在肉鸡饲料中添加量一般为2%~3%。大理石、白云石、石灰水、熟石灰、石膏和白垩石等均可作为钙质补饲。

沸石粉、膨润土、海泡石、麦饭石、凸凹棒石等的加工,首先是选矿,其次是粉碎和包装。

4 微量元素预混合饲料

饲料中添加的微量元素一般有铜、铁、锰、锌、碘、硒、钴等的化合物。

4.1 原料选择

质量必须符合饲料级矿物微量元素原料的国家标准。既要考虑生物学效价和稳定性，又要考虑经济效益。

4.2　稀释剂和载体选择

载体的粒度一般要求 30～80 目（0.177～0.59mm）。稀释剂的粒度一般为 0.05～0.6mm。常用的稀释剂和载体有石粉、贝壳粉等，稀释剂和载体要求在无水状态下使用。

4.3　干燥

含水量高的微量元素原料，易吸湿返潮和结块，粉碎性能及流动性较差的原料，必须进行干燥处理。可选用烘干机械，也可利用阳光晾晒，一般水分控制在2%以下。

4.4　预粉碎

添加量越少的组分，要求粉碎粒度越细。一般要求通过 80～400 目（0.177～0.05mm）标准筛孔。铁、锌、锰等微量元素的粉碎粒度应全部通过60目（0.3mm）；钴、碘、硒等微量成分应粉碎至200目（0.076mm）以下。

4.5　配料

饲料产品成分与预先配方设计中的成分出现较大偏差的原因，30%归咎于原料，70%归咎于加工工艺缺陷，尤其是计量误差的倍增效应。配料时，需两个人同时进行，一人取样、称料重，一人验称、核对品种与称量。大料用大秤，小料用小秤。

4.6　稀释

原料在配方中比例少于0.05%，进搅拌器之前要先预混合。

4.7　过筛

对于需要过筛的原料，必需过筛处理。

4.8　投料与混合

投料顺序取决于混合机类型和原料的批添加量。一般采用卧式混合机，投料顺序为：先投入一般载体，然后按数量由小到大的顺序投入原料，最后投入另一半载体，混合时间为15~20分钟。

4.9 质量检测

原料购进时就严把质量关，严禁使用伪劣品。生产过程中，技术检测，如发现原料达不到质量标准，不准投入生产，应停止生产；成品经常检测，达标的入库、出售，不达标的禁止入库、销售。

4.10 包装与贮存

包装袋应选择无毒、无害、结实、防潮、避光的材料，要求包装严密美观。贮存在阴凉、干燥、通风的地方，湿度不超过70%，温度不超过31℃（图3-2）。

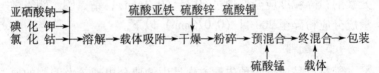

图3-2　常见的微量元素预混合饲料生产工艺流程图

5　维生素饲料

维生素饲料指工业合成或提纯的单一种维生素或复合维生素，不包括某项维生素含量较多的天然饲料。维生素饲料的加工和调制过程中应注意保证饲料维生素活性。

使用维生素添加剂时，应先查出具体饲料的维生素含量，在计算所需的添加量；基础饲料中添加某些营养成分的同时，要求增加个别维生素用量；如饲料中添加油脂时，要求有足够的维生素E充当抗氧化剂。亚麻饼中含有抗维生素 B_6 因子，生大豆存在脂肪氧化酶，能间接破坏维生素A和胡萝卜素等。

维生素的添加要掌握尺度。过量添加不仅不经济，反而会造成动物中毒反应等不良后果。

维生素在添加时应以使用效价为准。复合维生素添加剂中只有 1/10 的维生素，其余都是载体和稀释剂等，使用时一定要弄清楚各种维生素的实际效价和有效含量。

6 添加剂饲料

添加剂饲料是不包括矿物质和维生素饲料在内的所有添加剂，如防腐剂、着色剂、调味剂等非抗氧剂几种药剂（如抗生素、杀虫剂、抗球虫剂等）。

在饲料调制过程中，要根据饲养对象和生长阶段的不同选择相应的饲料添加剂，严格按照要求控制添加量；要保证饲料添加剂在配合饲料中混合均匀；饲料添加剂只能混合于干饲料中，不能混于湿拌料或水中饲喂。

7 预混合饲料

预混合饲料是由同一类的多种添加剂或不同类型的多种添加剂按一定比例配置而成的匀质混合物，通常是指由多种维生素、微量元素、氨基酸、促生长因子及其载体和稀释剂合理搭配、均匀混合而成的混合饲料。微量元素和维生素预混料是其中的主要成分。预混合饲料不能直接饲喂，需要与蛋白质、能量饲料混合后，方可饲喂动物。

预混合饲料的特点：组成复杂，质量优良的预混合饲料一般包括 6~7 种微量元素、15 种以上的维生素、2 种氨基酸、1~2 种药物及其他添加剂（抗氧化剂和防霉剂等）；用量少、作用大，预混合饲料一般占配合饲料比例为 0.5%~5%，用量虽少，但对动物生产性能的提高、饲料效率的改善以及饲料的保存都有很大作用。

加工时，首先选好适合不同阶段肉鸡的配方。由专一预混料生产厂家与动物营养专家根据动物生长及生产各阶段的营养需要特点配制。以"缺什么补什么、经济合理、低值高效"为原则，并考虑外界环境及加工工艺等诸多影响因素。

选择优质原料，最基本的要求是活性成分含量及纯度高、不含有毒有害物质；选好最佳载体和稀释剂。载体的选择遵循以下原则：化学稳定性强，不损害吸附物；粒度适中，与全价饲料有良好的混合性；价格低廉；做好预处理，维生素易受氧、潮湿、热、光照、金属离子等因素的影响而降低活性。为满足生产工艺要求，所有维生素添加剂都须经特殊预处理，保证稳定和活性。

预处理技术主要有干燥处理、添加防结块剂、涂层包被、细粒化、预粉碎等；预混料生产对积累配料设备的精确性、稳定性要求很高，必须对有关称重、设备定期校准。

对于添加量小而影响安全的药物，如硒、铜等添加物，在计量和稀释上要特别小心，充分混合均匀。饲料混合虽然只是物理过程，但由于原料密度等特性差异明显，必须科学地选择设备、混合时间和合适的载体或稀释剂。工艺流程尽量简洁，以混合均匀为主要目标。

第三节　肉鸡饲料加工调制特点及注意事项

1　肉鸡饲料加工调制特点

多采用颗粒料形式。采用颗粒料，适口性好，减少分级，避免挑食。颗粒料的直径一般为 3～5mm。肉雏鸡宜采用破碎料，利于采食。破碎料的直径一般为 2mm。

添加油脂，调节饲粮能量浓度。混合油脂较好，使用量不超过 5% 为宜，贮存时间不宜过长，同时使用抗氧化剂。

合理使用酶制剂，降低饲料成本。饲料中添加非淀粉多糖酶或复合酶已经成为提高肉鸡饲料能量，降低油脂添加量的主要技术途径。一般肉鸡前期添加酶制剂效果比较好，麦类日粮中添加酶制剂效果也比较突出。

微量易损成分采用制粒后添加工艺。一些具有污染可能或制粒过程中易受较大损失的添加剂，如药物添加剂、维生素、酶制剂和益生素等，可以采用制粒后添加工艺。

2　肉鸡饲料加工调制注意事项

原料种类多样化。合理搭配饲料原料，可使营养成分更加全面，通过互补作用，使饲料的生物学价值得到提高。同时，也易于配成符合饲养标准的饲粮。但原料过多时增加储存空间、增加粉碎能耗，需综合考虑成本和效益。

原料种类和配合比例相对稳定，大幅度调整配方时要注意清理残留，防止交叉污染。

注意粉碎粒度。粉碎一般要求通过 1mm 以下的筛孔。

控制适宜的水分。加水可降低颗粒饲料制作费用，提供饲料转化率和动物生长速度。一般制粒饲料含水量不超过 16%。

注意淀粉糊化度。让原料中的淀粉尽量糊化是生产高质量颗粒料饲料的重要方法，但糊化度过高会降低养分利用率。

注意加工过程对氨基酸的影响。制粒过程会造成氨基酸损失，因此，颗粒日粮应提高日粮的赖氨酸、蛋氨酸浓度。

注意饲料细粉时对赖氨酸的影响。当调制时间和温度不足时，颗粒稳定性差，细粉增多影响质量。

采用防霉剂、防腐剂或抗氧化剂防止霉变。防霉剂种类很多，但肉鸡饲料中常用丙酸及其盐类作为防霉剂。

配合饲料不宜久藏。不添加抗氧化剂、防霉剂的条件下，储存时间不超过 7~10 天，最好随用随配。

第四章 饲料配方基础

第一节 饲料原料的基本要求

饲料产品的质量主要取决于生产所用的原料质量，严格控制原料质量是饲料产品质量保证体系的基础。据生产统计分析表明，饲料产品营养成分及质量差异40%～70%来自原料质量的差异。

1 饲料原料的购进及接收要求

每一批购入的原料必须符合饲料原料的一般标准和对该原料所规定的特殊标准：①外观。与以前同种原料的外观一致，具有一定的新鲜度，无发霉、变质或结块，或与该原料的特定标准所描述的外观相符。②污染。应无异物和污染的痕迹。③加工籽实。应无杀虫剂处理的痕迹。④状态。手感凉爽，流动自由。⑤气味。为该原料的典型气味，无污染物气味和腐败、焦煳以及其他可能影响最后制成产品的一切不良气味。⑥虫害。原料应无虫类的污染。⑦标签。袋装原料应标有原料名称、规格、出厂日期、地点及厂名等。饲料原料中含有饲料添加剂的应有相应说明。⑧安全。饲料原料中砷、铅、汞、铬、氟、黄曲霉毒素等有毒有害物质及微生物允许量应符合要求。抗生素滤渣等制药工业副产品不得用做肉鸡饲料原料。

2 取样检查

取样检查：一些重要的项目如豆粕、鱼粉的蛋白质、骨粉的磷含量送化验室做化验，取样方法如下：①散装原料在卸货的前期、中期和后期取样。并在卸货结束时看车厢底部有没有污染原料的物品。②袋装原料要用取样器斜插到袋里取样，不足 20 袋的每袋取样，20～100 袋的每隔 5 袋取 1 次样，超过 100 袋，每 10 袋取 1 次样。③桶装原料从桶的上部、中部、下部取样。④取出的样品混合后，取出 500g 样品，存放在玻璃瓶或塑料瓶中密封贴上标签，标签上注明原料名称、取样日期，供货人和进货数量，由取样人和供应商共同签名。

对于低于规定标准的原料，一旦发现，生产负责人有责任拒绝接受或停止使用，原料收购、保管、投料人员有责任立即向生产或品管负责人报告。如果原料完全不能使用，应根据合同规定的条款退给供应商。如果某些低于规定标准的原料，经过特殊处理后可提高质量，满足生产要求，其购入、处理和使用，应获得生产和品管负责人的批准。

第二节 肉鸡的常用饲料原料营养特点

根据营养的特点，饲料原料大致可分为能量饲料、蛋白质饲料、维生素饲料、矿物质饲料和饲料添加剂等。

1 常用饲料原料营养特点

1.1 能量饲料

1.1.1 谷实类 谷实类饲料的缺点：蛋白质和必需氨基酸含量不足，粗蛋白质含量一般为 7% ~ 15%，特别是赖氨酸、蛋氨酸和色氨酸含量少。钙的含量一般低于 0.1%，而磷含量可达 0.25% ~ 0.45%，缺维生素 A 和维生素 D。

1.1.1.1 玉米：玉米是肉鸡最主要的饲料原料之一，肉鸡日粮中玉米可占 50% ~ 70%。玉米的代谢能含量高，可达 12.55 ~ 16.20MJ/kg，粗蛋白质 7.2% ~ 10.5%，粗脂肪 3.1% ~ 3.8%，适口性强，易消化。黄玉米一般每千克含维生素 A 3 200 ~ 4 800IU，白玉米含维生素 A 仅为黄玉米的 1/10。黄玉米还富含叶黄素，是肉鸡皮肤、爪、喙黄色的良好来源。玉米的缺点是蛋白质含量低，且品质较差，色氨酸（0.07%）和赖氨酸（0.24%）含量不足，钙（0.02%）、磷（0.27%）和 B 族维生素（维生素 B_1 除外）含量亦少。玉米油中含亚油酸丰富。玉米易感染黄曲霉菌，贮存时水分应 < 13%。

1.1.1.2 小麦：小麦能量约为玉米的 90%，蛋白质（12% ~ 15%）较玉米高，氨基酸比例比其他谷类完善，B 族维生素也较丰富。适口性好，易消化，可以作为鸡的主要能量饲料，但由于非淀粉多糖抗营养因子的存在，一般肉鸡日粮使用量在 30% 左右。由于小麦不含类胡萝卜素，如对鸡的皮肤颜色有特别要求时，应适当予以补充。日粮含小麦 50% 以上时，鸡易患脂肪肝综合征，应添加生物素。小麦的 β - 葡聚糖（5g/kg）和戊聚糖（61g/kg）比玉米高，在饲料中添加相应的酶制剂可改善肉鸡的增重和饲料转化率。

1.1.1.3 大麦：大麦碳水化合物含量稍低于玉米，蛋白质含量约 12%，稍高于玉米，品质也较好，赖氨酸含量高（0.44%）。适口性稍差于玉米和小麦，而较高粱好，但如粉碎过细且用量高时，因其黏滞，适口性差。粗纤维含量较多，烟酸含量丰富，日粮中的用量以 10% ～20% 为宜。大麦的 β－葡聚糖（33g/kg）和戊聚糖（76g/kg）含量较多，使用时应在饲料中添加相应的酶制剂。

1.1.2　糠麸类　糠麸类含无氮浸出物较少，粗纤维含量较多，含磷量高，但主要是植酸磷（约70%），鸡对此利用率很低，B 族维生素含量丰富。由于这类饲料营养特点，主要用于种鸡和育成鸡。

1.1.2.1　麦麸：小麦麸蛋白质、锰和 B 族维生素含量较多，适口性强，为鸡最常用的辅助饲料。麦麸能量低，代谢能约为 6.53MJ/kg，粗蛋白质约为 14.7%，粗脂肪 3.9%，钙占 0.11%，磷 0.92%，但其中植酸磷含量（0.68%）高，含有效磷 0.24%，麦麸纤维含量高，容积大，属于低热能饲料，不宜用量过多，一般可占日粮的 3% ～15%。有轻泻作用。小麦粗粉含量较高常用来代替小麦麸。大麦麸在能量、蛋白质和粗纤维含量上都优于小麦麸。

1.1.2.2　米糠：米糠含脂肪、纤维较多，富含 B 族维生素，用量太多易引起消化不良，常作辅助饲料，一般可占种鸡日粮的 5% ～10%。

1.1.3　油脂　动物油脂 ME 为 32.2MJ/kg，植物油脂含 ME 为 36.8MJ/kg，适合于配合高能日粮。在饲料中添加动、植物油脂可提高生产性能和饲料利用率。肉用仔鸡日粮中一般可添加 2% ～8%。

1.2　蛋白质饲料

根据来源，分为植物性蛋白质饲料和动物性蛋白质饲料两大类。

1.2.1　植物性蛋白质饲料

1.2.1.1　豆饼和豆粕：大豆经压榨提油后的产品通称"饼"，用溶剂提油后的产品通称"粕"，它们是饼粕类饲料中最富有营养的一种饲料，蛋白质含量42%～50%。粗蛋白质含量粕高于饼，能量则相反。大豆饼（粕）含赖氨酸高，适口性好，营养价值高，一般用量占日粮的10%～30%。大豆饼（粕）的氨基酸组成接近动物性蛋白质饲料，但蛋氨酸、胱氨酸含量相对不足，故以玉米—豆饼（粕）为基础的日粮通常需要添加蛋氨酸。加热处理不足的大豆饼含有抗胰蛋白酶因子、尿素酶、血球凝集素、皂素等多种抗营养因子或有毒因子，鸡食入后蛋白质利用率降低，生长减慢。

1.2.1.2　棉籽饼粕：蛋白质含量丰富，可达32%～42%。氨基酸含量较高。微量元素含量丰富、全面，代谢能较低。粗纤维含量较高，约10%，高者达18%。棉籽饼粕含游离棉酚和棉酚色素，棉酚含量取决于棉籽的品种和加工方法。一般预压浸提法生产的棉籽饼粕棉酚含量较低，赖氨酸的消化率较高。幼鸡对棉酚的耐受力较成年差。棉酚可与消化道和鸡体的铁形成复合物，导致缺铁，添加0.5%～1%硫酸亚铁粉可结合部分棉酚而去毒。棉籽加工产品类的新型原料还包括棉籽蛋白和脱酚棉籽蛋白，其在肉鸡饲料中的用量较常规的棉籽饼粕可适当提高。两种产品的主要特征如下：棉籽蛋白，是由棉籽或棉籽粕生产的粗蛋白质含量在50%（以干基计）以上的产品；脱酚棉籽蛋白，是以棉籽为原料，在低温条件下，经软化、轧胚、浸出提油后并将棉酚以游离状态萃取脱除后得到的粗蛋白含量不低于50%、游离棉酚含量不高于400 mg/kg、氨基酸占粗蛋白比例不低于87%的产品。

1.2.1.3　菜籽饼粕：蛋白质含量34%～39%，粗纤维含量约11%。含有一定芥子甙（含硫甙）毒素，具辛辣味，适口性较差，肉鸡用量一般不超过8%，经脱毒处理可增加用量。

1.2.1.4　花生饼粕：营养价值仅次于豆饼，适口性优于豆饼，含蛋白质 38% 左右，有的饼粕含蛋白质高达 44% ~ 47%，含精氨酸、组氨酸较多，蛋氨酸缺乏。配料时可以和鱼粉、豆饼一起使用，或添加赖氨酸和蛋氨酸。花生饼粕易感染黄曲霉毒素，使鸡中毒，因此，贮藏时切忌发霉，一般用量可占日粮的 15% ~20%。

1.2.1.5　向日葵仁粕：粗蛋白含量在 33% ~38%，去壳葵花籽粕含有 38% 左右的粗蛋白和 13% 的粗纤维，蛋氨酸含量高，而赖氨酸和苏氨酸含量低，可部分替代豆粕改善氨基酸平衡。但含有较多的木聚糖和果胶等抗营养因子，氨基酸消化率和能量较低。使用时要添加相应的酶制剂。

1.2.2　动物性蛋白质饲料　动物性蛋白质饲料的特点是蛋白质含量较高，品质较好，富含钙及有效磷，且比例较好。不含粗纤维，富含微量元素与维生素 A、维生素 D、维生素 E 及维生素 B_{12} 等。

1.2.2.1　鱼粉：鱼粉是极佳的蛋白质饲料，含粗蛋白质可达 55% ~77%，一般进口鱼粉含粗蛋白质 60% ~65%，多为棕黄色。国产优质鱼粉含粗蛋白质可达 55%，而一般鱼粉含粗蛋白质 35% ~55%，灰褐色，含盐量高。营养价值高必需氨基酸含量全面，特别富含植物性蛋白质饲料缺乏的蛋氨酸、赖氨酸、色氨酸，并含有大量 B 族维生素和丰富的钙、磷、锰、铁、锌、碘等矿物质，还含有硒和未知促生长因子。进口鱼粉赖氨酸含量 6.5% ~ 6.9%，蛋氨酸含量 0.6% ~ 0.8%，钙含量 3.5% ~5.0%，磷含量 2.5% ~3.4%，适合与植物性蛋白质饲料搭配使用。鱼粉含有一定量的盐分，含盐量通常在 1% ~4%。

选用鱼粉要注意质量，以免引起鸡的食盐中毒。鱼粉含粗脂肪约 10%。一般用量占日粮的 2% ~8%。饲喂鱼粉可使鸡发生肌胃糜烂，特别是加工错误或贮存中发生过自燃的鱼粉中含有较多的"肌胃糜烂因子"。鱼粉还会使鸡肉出现不良气味。鱼粉应贮存在通风和干燥的地方，否则容易生虫或腐败而引起中毒。因鱼粉含大肠杆菌较多，易污染沙门氏菌。

1.2.2.2 肉骨粉：肉骨粉是屠宰场或病死畜尸体等成分经高温、高压处理后脱脂干燥制成。营养价值取决于所用的原料，饲用价值比鱼粉稍差，含蛋白质50%左右，粗脂肪为8%左右，含钙磷丰富，钙为8.5%，磷为4.4%，且磷的利用率较高。最好与植物蛋白质饲料混合使用，雏鸡日粮用量不要超过50%左右，含脂肪较高。最好与植物蛋白质饲料混合使用，雏鸡日粮用量不要超5%，成鸡可占5%～10%。肉骨粉容易变质腐败，喂前应注意检查。

1.2.2.3 蚕蛹粉、蚯蚓粉：全脂蚕蛹粉含粗蛋白约54%。粗脂肪约22%。脱脂蚕蛹粉含粗蛋白质约64%，粗脂肪约4%，维生素B_2含量较多。蚯蚓粉含蛋白质可达50%～60%。必需氨基酸组成全面，脂肪和矿物质含量较高，加工优良的蚯蚓粉饲喂效果与鱼粉相似。鲜蚓喂鸡效果更佳。蚓粪含蛋白质也较多，还含有未知因子，可促进鸡的生长和产蛋。

1.2.2.4 羽毛粉：是由屠宰家禽后清洁而未腐败的羽毛经蒸汽高压水解后的产品。水解羽毛粉含蛋白质近80%，但蛋白品质较差，蛋氨酸、赖氨酸与色氨酸含量较低，精氨酸与胱氨酸含量较高。羽毛制作方法适宜，蛋白质消化率可达75%以上，羽毛粉仅作蛋白质补充饲料，使用量一般限制在3%以下。

1.2.2.5 血粉：是动物鲜血经蒸煮、压榨、干燥或浓缩喷雾干燥或用发酵法制成，呈黑褐色，其粗蛋白质含量达80%以上，但其蛋白质可消化性较其他动物性饲料差，适口性不好。滚筒干燥的血粉呈沥青状黑里透红，喷雾干燥的血粉为亮红色小珠，蒸煮干燥为红褐色至黑色，随着干燥温度的增加而加深色泽。血粉有特殊的气味,呈粉末状,滚筒干燥的血粉为细粉状,蒸煮干燥的血粉为小圆粒或细粉状。据研究,发酵血粉和喷雾干燥血粉可提高蛋白质利用率。血粉氨基酸的含量很不平衡,赖氨酸含量相当高,为 4.5% ~5.5%,但异亮氨酸、蛋氨酸缺乏,蛋氨酸含量 1.65% ~1.81%,此外精氨酸含量亦较低,钙、磷含量很少,钙含量 0.25% ~0.33%,磷含量 0.25% ~0.35%。铁含量很高,每千克血粉可含铁 1 000mg。血粉的适口性较差,日粮中的使用量不宜过高,在肉鸡日粮中所占比例一般在 3% 以下。

1.3 矿物质饲料

1.3.1 含钙饲料　贝壳、石灰石、蛋壳均为钙的主要来源,其中,贝壳最好,含钙多,易被鸡吸收,饲料中的贝壳最好有一部分碎块,石灰石含钙也很高,价格便宜,但有苦味,注意镁的含量不得过高(不超过 0.5%),还要注意铅、砷、氟的含量不超过安全系数。蛋壳经过清洗煮沸和粉碎之后,也是较好的钙质饲料。此外,石膏(硫酸钙)也可作钙,硫元素的补充饲料,但不宜多喂。

1.3.2 富磷饲料　骨粉、磷酸钙、磷酸氢钙是优质的磷、钙补充饲料。骨粉是动物骨骼经高温、高压、脱脂、脱胶、碾碎而成。因加工方法不同,品质差异很大,选用时应注意磷含量和防止腐败。一般以蒸制的脱胶骨粉质量较好,钙、磷含量达 30% 和 14.5%,磷酸钙等磷酸盐中含有氟和砷等杂质。未经处理不宜使用。骨粉用量一般日粮 1% ~2.5%,磷酸盐一般占 1% ~1.5%,磷矿石一般含氟量高并含其他杂质应做脱氟处理。饲用磷矿石含氟量一般不宜超过 0.04%。

1.3.3 食盐　食盐为钠和氯的来源,雏鸡用量占日粮的 0.25% ~0.3%,成鸡占 0.3% ~0.4%,如日粮中含有咸鱼粉或饮水中含盐量高时,应弄清含盐量,在配合饲料中减少食盐用量或不加。

1.3.4　其他　麦饭石、沸石和膨润土等，不仅含有常量元素，还富含微量元素，并且由于这些矿物结构的特殊性，所含元素大都具有可交换性和溶出性，因而容易被动物所吸收利用，因而可提高鸡的生产性能。饲料中添加 2.5% ~5% 麦饭石、5% 沸石，1.5% ~3% 的膨润土，对提高鸡的生产性能和饲料转化率均有良好效果。此外，它们还具有较强的吸附性，如沸石和膨润土有减少消化道氨浓度的作用。

1.4　氨基酸

1.4.1　DL-蛋氨酸　蛋氨酸是有旋光性的化合物，分为 D 型和 L 型。在鸡体内，L 型易被肠壁吸收。D 型要经酶转化成 L 型后才能参与蛋白质的合成，工业合成的产品是 L 型和 D 型混合的外消旋化合物，是白色片状或粉末状晶体，具有生弱的含硫化合物的特殊气味，易溶于水、稀酸和稀碱，微溶于乙醇，不溶于乙醚。

1.4.2　L-赖氨酸盐　谷类饲料中赖氨酸含量不高，豆类饲料中虽然含量高，但是作为鸡饲料原料的大豆饼或大豆粕均是加工后的副产品，赖氨酸遇热或长期贮存时会降低活性。在鱼粉等动物性饲料中赖氨酸虽多，但也有类似失活的问题。因而在饲料中可被利用的赖氨酸只有化学分析得到数值的 80% 左右。在赖氨酸的营养上尚存在与精氨酸之间的颉颃作用。肉用仔鸡的饲料中常添加赖氨酸使之有较高的含量，这易造成精氨酸的利用率降低，故要同时补足精氨酸。商品含 L-赖氨酸盐 98%，但 L-赖氨酸含量为 78% 左右。

2　部分常见原料掺假识别

2.1　豆粕（饼）

常掺有泥沙、碎玉米或 5% ~10% 的石粉。可用水浸（比重不同分层）法鉴别泥沙、石粉，淀粉遇碘变蓝法鉴别出是否掺有玉米、麸皮或稻壳等成分。

2.2 鱼粉

通常容易掺棉籽饼、菜籽饼、羽毛粉、尿素、沙粒等杂物。可通过感官检测、显微镜检测、气味检测（尿酸加热有氨味）、水浸法（砂石矿物沉底，棉粕、羽毛粉、麸皮等浮在水面）等鉴别。

2.3 骨粉

易掺有石粉、贝壳粉、细砂等杂物。掺假的骨粉常常含磷不足。鉴别：①肉眼直观法：纯正骨粉呈灰白色粉状或颗粒状，部分颗粒呈蜂窝状；掺杂骨粉仅有少许蜂窝状颗粒，假骨粉无蜂窝状颗粒，掺石粉、贝壳粉的骨粉色泽发白。②稀盐酸溶解法：纯正骨粉倒入稀盐酸溶液中会发出短时间的"沙沙"声，骨粉颗粒表面不产生气泡，最后全部溶解变为混浊；脱胶骨粉的盐酸溶液表面漂浮有极少量有机物；蒸骨粉和生骨粉表面漂浮物较多，假骨粉则无以上化学现象。③火烧法：取少量骨粉放试管中，置于火上烤烧，真骨粉产生蒸气，然后产生刺鼻烧毛发的气味，而掺假骨粉所产生的蒸气和气味少，假骨粉无蒸气和气味，未脱胶的变质骨粉有异味。

2.4 氨基酸

蛋氨酸和赖氨酸的主要掺假物有尿素、碳酸铵、葡萄糖、小苏打等。鉴别：①燃烧：取氨基酸制剂少量，放入试管或金属勺内置火焰上燃烧，具有难闻的烧毛发气味的为真品；无此气味的为假货。氨基酸含量98%以上的产品，能很快燃尽而无残渣的为真品；而有残渣的为掺假或假冒产品。②化学试剂法：取蛋氨酸样品少许置试管内或玻璃板上，滴加硫酸5滴，无水硫酸铜数粒，搅拌均匀，呈深黄色者为真品。取赖氨酸样品5粒和水20滴，置于试管中溶解，加硝酸银试液1滴，生成白色沉淀者为真品。

2.5　麸皮

常掺有滑石粉、稻谷糠等，掺入量一般为 8% ~ 10%。鉴别：将手插入一堆麸皮中然后抽出，如果手指上黏有不易抖落的白色粉末，则说明掺有滑石粉，如易抖落则是残余面粉。再用手抓起一把麸皮使劲攥，如果麸皮成团，则为纯正麸皮；而攥时手有涨的感觉，则掺有稻谷糠；如攥在手掌心有较滑的感觉，则说明掺有滑石粉。

第三节　饲料配方设计原则

配制饲料前，首先需要了解动物对各种营养物质的需要量（饲养标准或营养需要相关表格）和各种饲料的特性（饲料成分及营养价值表）。动物的配合日粮是针对群体而设计的，为群体营养。只是在饲喂时，对其中的不同个体再进行适量增减和灵活掌握。

设计配方时应努力使用饲料原料的实测值，必要时应尽可能科学地考虑由于原料变异需要的安全余量，以避免配方失真。结合当地的饲养经验和本地的自然条件，充分利用当地的饲料资源，制定出价格比较合理的饲料配方。配方设计时要保证饲料来源充足，减少饲料原料运输费用，降低饲料工业的生产成本，提高饲料产品的经济实用性。

1　饲料配方设计的一般原则

饲料配方设计时，应注意掌握饲料产品的安全性、营养性、生理性和经济性。

1.1 安全性

安全包括动物的饲用安全和人类食用动物产品安全两方面。

选用的饲料原料和饲料添加剂，必须安全第一，按照农业部1773号公告《饲料原料目录》规定的要求使用原料。饲料的品质、等级必须经过检验，因发霉、酸败、污染、毒素等原因而失去饲喂价值的原料以及其他不合规定的原料，不得使用。另外，必须遵守有关添加剂停药期的规定和禁止使用的法令。

要保证饲料产品（包括饲料和饲料添加剂）一般的卫生指标（铅、砷、氟、黄曲霉素 B_1 等）在国标范围内，不含有对饲养动物健康造成实际危害，在动物体内的残留造成整个食物链的安全隐患，畜禽粪便排出后对生产环境及使用环境造成污染的有毒、有害物质或因素。饲料添加剂的使用要严格遵照相应的国家标准和规范。参照《饲料和饲料添加剂管理条例》《饲料药物添加剂使用规范》以及"兽药停药期规定"等相关条例和规定，遵循配伍禁忌，严禁使用违禁药物。

1.2 营养性

饲料配方设计必须根据动物的营养需要给予配制，针对动物种类、年龄、体重、生产用途、生理状况及生活环境的具体状况，设计相应的饲料。

首先满足动物对能量的需要，随后为蛋白质、氨基酸、矿物质和维生素等的需要量。其次，必须考虑能量与蛋白质，能量与氨基酸、矿物质和维生素等营养物质的之间的比例。适当控制粗纤维含量，鸡4%以下。

1.3 生理性

饲料的适口性和饲料容积必须与动物的消化生理特点相适应。肉鸡不同阶段每日饲喂量，差异很大。分解段饲养，使肉仔鸡保持最高生产性能的同时，通过提高/降低某阶段日粮氨基酸水平，提高其经济效益。

1.4 经济性

饲料配方应该为饲料的生产者和使用者带来经济效益。配方设计始终要在符合营养需要的基础上，尽可能降低成本，在成本和效益两者之间进行适当地抉择。应采用先进的配方设计手段，精确满足设定的绝大多数营养指标的要求，实现营养素利用率最大化和效益最大化，目前，饲料配方制作逐渐向最佳效益方向发展，而不单纯是最低成本。

2 饲料配方设计的注意事项

设计配方时要考虑的因素很多，满足营养需要，考虑市场需要，以及原料选择、设备性能、饲料的物理性质等。

2.1 确定适宜的营养标准

根据动物生长阶段，确定相应的营养标准。

2.1.1 确定适宜的参考标准 美国 NRC《家禽营养需要》（1994）虽然年代久远，但该饲养标准的应用仍然很广，仍具有重要参考价值。我国也发表了一系列的饲养标准，如 NY/T 33—2004（鸡饲养标准）。设计饲料配方时应根据鸡的品种、饲料资源、饲养管理条件、全价配合饲料的加工方式、当地习惯及饲养管理条件等适当加以调整，对部分营养素给予一定的安全裕量，制定营养添加量。要根据自身情况或经验积累制定适宜的标准。

2.1.2 借鉴最新科研成果 饲养标准为大量科学研究成果的总结，因此，必须经常查阅国内外最新资料，吸取最新的科研成果，如理想蛋白质模式、动态营养需要评估模型、可消化氨基酸模式、酶制剂合理使用技术等。合理选用酶制剂、益生素等新型安全饲料添加剂，提高饲料营养成分的消化率，增

强动物的抗病能力，促进动物健康，减少抗生素的使用，保证
动物产品的质量，是当前饲料配方设计的常用方式。

2.1.3　根据实际情况对营养指标进行适当调整　一般健
康状况差时，配合饲料的养分浓度比较高；高温环境，营养水
平应适当提高；此外，还可根据动物的预期采食量来调整产品
的养分浓度。

2.2　考虑市场需要

有些地区动物饲料的市场价位很低，如完全按营养需要设
计配方，则会使饲料成本过高，用户无法接受。在这种情况
下，往往是先规定了饲料成本价再照此成本设计配方，因此，
不得不牺牲某些营养指标或物理指标来满足成本的要求。

2.3　充分考虑原料性能

蛋白质原料的粗蛋白往往变化范围比较大，应该每批都化
验粗蛋白含量，设计配方时应使用原料的实测值。并注意多种
原料的搭配使用。

2.3.1　掌握原料的特性　营养成分数值应选有代表性的，
避免选用极端数据，尽量不要使用营养成分不明确的原料。

2.3.2　确定使用原料的种类和数量　饲料原料种类越多，
设计的产品在营养上就越易于平衡、充足，设计出应用多种原
料且价格便宜的产品。但原料过多，质量难于控制，容易造成
营养上新的不平衡，会给生产带来不便。因此，要权衡使用原
料的种类和数量。

2.3.3　选择原料　除了考虑原料的蛋白质含量和价格，
还应注意营养素的利用率以及饲料中的毒素和抗营养因子，适
口性也是选择原料时要考虑的因素。高温多雨的季节要尽量避
免使用花生粕、全脂米糠等容易霉变、酸败、生虫的原料。

2.3.4　选择原料还要注意原料的质量和供应的稳定、可靠
活性饲料酵母（含酵母饲料）、国产肉骨粉的质量很不稳定，

DDGS 等使用时要特别慎重。

2.3.5　合理选用饲料添加剂　必须遵循国家有关法规。使用抗生素和维生素添加剂时，必须注意产品的含量与效价；添加剂对畜产品品质的影响及残留等。

2.4　考虑饲料的物理性状

原料的其他特性也会对饲料的物理性状产生影响，如制粒性、容重、含水率、粉碎性能等。

2.5　考虑设备工艺条件

饲料是靠设备通过一定的工艺流程生产出来的，设备条件对饲料产品的质量有影响，对配方设计也有一定的制约。例如，有无喷油设备会决定配方中能否加油；粉碎粒度对饲料的消化率、黏合性有影响；另外，还要考虑配料仓的多少来确定选用原料的种类，考虑配料秤的精度来确定原料的最小用量。配方设计人员要了解生产设备和工艺，既要发挥设备优势，又要弥补设备的不足。

3　肉鸡饲料配方设计要点

3.1　采用阶段饲养技术

世界各国肉用仔鸡的饲养标准，均无例外的是按着阶段（即周龄）列出其不同的营养水平。目前，常用的为 0～3 周、4～6 周、7～8 周龄的三阶段饲养体制。国内一些科研单位研究提出，快大型肉用仔鸡应按 0～2 周、2～4 周、5～6 周龄三阶段进行饲养。

3.2　采用适宜日粮能量浓度

肉鸡对不同能量浓度日粮的采食量具一定的调节能力，对高能量浓度日粮的采食量较少，对低能量浓度日粮的采食量较多；但是这种调节能力并不是非常精细的。在一定能量浓度范围内，肉鸡对不同能量浓度日粮的采食量变化很少。因此，日粮能量浓度越高，其代谢能的进食量越高，增重越多，每千克增重的耗料量却越少。

进行阶段饲养时，各阶段能量浓度可以是相等的或渐增的，应尽力避免递减趋势，以充分利用肉用仔鸡后期的生长补偿作用。日粮内添加油脂可以有效地提高饲料的能量浓度，促进增重和改善饲料效率。

3.3 采用高蛋白水平的前期料

制作肉鸡饲料配方时，对能量和蛋白质的水平选择范围十分宽泛。在日粮氨基酸平衡的前提下，日粮粗蛋白前期提高到22%，后期降至18%为宜。实际应用时，应考虑配合饲料原料的价格，鸡肉市场价格，当时当地理想的仔鸡出售体重及饲料转化率等，以获取最佳的经济效益高能，高蛋白日粮未必永远最经济。

3.4 注意日粮中各种必需氨基酸之间的平衡

在制作肉用仔鸡饲料配方时，当配方的能量浓度高于或低于标准所列数时，日粮氨基酸的水平（%）应根据"氨基酸、能量比"进行增减；对于数量不足的氨基酸最好采用多种蛋白质饲料取长补短，也可直接利用合成氨基酸进行补充。

3.5 供给充足的矿物质元素、超量的维生素营养

肉鸡的整个生命周期都处于生长强度最高状态，全价营养的日粮对于肉仔鸡来说是十分重要的。钙、磷属于结构物质，必须以利于吸收的化合物形式充足供给（如，磷酸一钙、磷酸二钙、磷酸三钙等）。维生素和微量元素属于调节性物质，我国和美国NRC鸡的饲养标准中列出的数字均属最低需要量，可以把饲料内的含量作为安全裕量，标准中的规定量作为添加量。实际应用时，对于微量元素不可毫无依

据地任意加大规定数量,因为最低添加量和中毒剂量之间的差距十分有限,直接选购微量元素预混料时,必须同时了解其使用说明。对于维生素,鉴于它活性的不稳定性,易损失,实际应用时,可高于标准的50%～100%或更高,特别是维生素A。外购维生素预混料时,应选购包装精良,出厂较新,享有盛誉的产品。在多数情况下,其使用量应高于商品说明书的建议用量。

3.6 合理使用药物添加剂和酶制剂

为促进生长、预防疾病,在肉用仔鸡配合饲料中常使用抗生素、人工合成制菌剂及抗球虫药等药物添加剂。在出售前1～2周,肉大鸡饲料要严控抗生素等药物的添加,以免残留致害又可降低饲料成本。另外肉鸡食量大,易产生消化不良,故添加酶制剂及益生素类有助于消化和吸收。

3.7 控制粗纤维的含量

不同家禽具有不同的消化生理特点,鸡对粗纤维的消化能力较弱,饲料配方中不宜采用纤维含量高的饲料原料。肉鸡配方中的粗纤维含量不宜超过4%。

第四节 饲料配方制作方法

1 预混合饲料

预混合饲料分单一预混合饲料和复合预混合饲料。单一预混合饲料指由同一种类的饲料添加剂配制而成的均匀混合物。如微量元素预混料和维生素预混料等。复合预混料是指由微量元素、维生素、氨基酸或非营养性添加剂中任何两类或两类以上的组分与载体或稀释剂按一定比例配制的均匀混合物。

下面以微量元素预混合饲料进行示例。

1.1 设计的方法与步骤

1.1.1 微量元素添加量的确定 生产中一般按饲养标准规定的需要量添加，将基础饲料中的含量则作为安全裕量。对于某些中毒剂量小（如硒）或特殊用途的微量元素（如铜、锌等），应严格控制添加量。

1.1.2 微量元素原料的选择 根据原料的活性成分含量、价格及加工工艺的要求综合考虑，同时，查明其中杂质和其他元素的含量。

1.1.3 计算出商品原料的用量 可采用以下公式计算：
纯原料量 = 微量元素需要量/纯品中元素含量
商品原料量 = 纯原料量/商品原料纯度

1.1.4 计算载体用量 根据预混料在全价配合饲料中的比例，计算载体用量。载体用量为预混料量与商品原料量之差。

1.1.5 列出微量元素预混料配方 常以每吨预混料的组成形式表示。

1.2 配方计算示例

例，设计 0～21 日龄肉用仔鸡 0.2% 微量元素预混料配方。设计方法如下：

1.2.1 确定添加量 以我国鸡饲养标准 NY/T 33—2004 确定添加量（表4-1）。

表4-1 中国 NY/T 33—2004 肉仔鸡饲养标准

微量元素	铜	碘	铁	锰	硒	锌
需要量（mg/kg）	8	0.70	100	120	0.30	100

1.2.2 微量元素原料选择 见表4-2。

表4-2 商品微量元素化合物的规格

商品化合物形式	分子式	元素含量（%）	商品原料纯度（%）
硫酸铜	$CuSO_4 \cdot 5H_2O$	Cu：25.5	96
碘化钾	KI	I：76.4	98
硫酸亚铁	$FeSO_4 \cdot 7H_2O$	Fe：20.1	98
硫酸锰	$MnSO_4 \cdot H_2O$	Mn：32.5	98
亚硒酸钠	$NaSeO_3 \cdot 5H_2O$	Se：30.0	95
硫酸锌	$ZnSO_4 \cdot 7H_2O$	Zn：22.7	99

1.2.3 计算商品原料量 商品原料量＝微量元素需要量/元素含量/商品原料纯度。经计算得4种商品原料在每1kg全价配合饲料中的添加量，见表4-3。

1.2.4 计算载体用量 预混料占全价配合饲料的比例为0.2%，即每吨全价配合饲料有预混料2kg，则载体用量为：2kg－1.262 6kg＝0.737 4kg。

1.2.5 列出预混料配方 见表4-4。

表4-3 每1kg全价配合饲料中商品原料用量

商品原料	计算方法	商品原料量（mg）
硫酸铜	$8 \div 25.5\% \div 96\%$	32.7
碘化钾	$0.70 \div 76.4\% \div 98\%$	1.0
硫酸亚铁	$80 \div 20.1\% \div 98\%$	406.1
硫酸锰	$120 \div 32.5\% \div 98\%$	376.8
亚硒酸钠	$0.30 \div 30\% \div 95\%$	1.0
硫酸锌	$100 \div 22.7\% \div 99\%$	445.0
合计		1 262.6

表 4 - 4　肉用仔鸡微量元素预混料配方

商品原料	每吨全价料用量（g）	每吨预混料用量（kg）	配合比例（%）
硫酸铜	32.7	16.35	1.64
碘化钾	1.0	0.5	0.05
硫酸亚铁	406.1	203.05	20.30
硫酸锰	376.8	188.4	18.84
亚硒酸钠	1.0	0.5	0.05
硫酸锌	445.0	222.5	22.25
载体	737.4	368.7	36.87
合计	2 000.0	1 000.00	100

1.3　维生素预混料

由于部分原料中抗维生素因子的存在，加之维生素自身的稳定性、加工及贮藏条件等影响维生素效价的因素，生产中常常超量添加。世界各大公司如德国巴斯夫公司和瑞士罗氏公司都有维生素添加量的推荐标准。国内学者认为，超量添加的变动范围一般为 10% ~ 30%，甚至更大。具体超量添加多少适宜，应综合考虑配方成本、饲喂效果及经济效益而定。

1.4　复合预混料

复合预混料主要由微量元素、维生素、氨基酸、抗生素、药物、酶制剂、调味剂、抗氧化剂等多种添加剂和载体或稀释剂组成，几乎包括了所有需预混的成分。

设计复合预混料配方应注意的问题。

1.4.1　维生素的添加　由于影响维生素活性的因素很多，制作复合预混料时，维生素的添加量应比制作维生素预混料时更大，尤其随着贮存时间的延长，更应超量添加。

1.4.2　微量元素原料的选择　应尽量选用低结晶水或无结晶水的盐类，或选用微量元素的氧化物或微量元素氨基酸螯合物。

1.4.3　氯化胆碱的用量　由于氯化胆碱对维生素活性的

破坏作用，应将其用量控制在20%以内。

1.4.4　氨基酸的添加　现今市场可用的晶体氨基酸有赖氨酸、蛋氨酸、色氨酸、苏氨酸等。氨基酸的具体添加量可依市场定位、产品销售区域及推荐配方而定。通常，市售预混料产品，均应标明氨基酸的含量，以便用户使用时参考。

2　全价配合饲料

2.1　配合饲料配方设计的基本步骤

第一步：根据动物种类和年龄选用相应饲养标准 饲养标准需要适当调整时，先确定能量标准，然后根据饲养标准中能量和其他营养素的比例关系，再调整其他营养物质需要量。调整日粮能量水平时，要注意其他营养素与能量之间的平衡关系。

第二步：确定所用原料种类，并列出所用饲料的营养成分，营养成分要尽量利用可利用养分数值。

第三步：根据原料的数量、质量和价格等，确定原料的用量。要注意原料中抗营养因子及所含毒素的影响。

第四步：计算配方 可以用手工计算、电脑计算或用饲料配方软件进行计算。

2.2　配合饲料配方制作方法

2.2.1　试差法　又称凑数法，是以往小型企业和养殖户普遍采用的方法之一。具体做法：首先根据经验初步拟出各种饲料原料的大致比例，然后用各自的比例乘以该原料所含的各种养分的百分含量，再将各种原料的同种养分相加，即得到该配方的每种养分的总量，将所得结果与饲养标准进行对照，若有任一养分超过或不足时，可通过增加或减少相应的原料比例进行调整和重新计算，直至所有的营养指标都基本满足要求为止。这种方法简单易学，学会后就可以逐步深入，掌握各种配料技术，因而广为利用；缺点是计算量大，十分烦琐，盲目性较大，不易筛选出最佳配方，成本可能较高。

以肉鸡 4~6 周饲料配制，代谢能和粗蛋白质的计算进行示例。

2.2.1.1　确定配方营养水平和原料种类，列出原料的营养素含量指标。

结合 NRC 标准和中国鸡饲养标准（2004），设定的配方营养水平见表 4-5。

表 4-5　肉鸡 4~6 周配方营养标准

代谢能 （kcal/kg）	粗蛋白 （%）	钙 （%）	有效磷 （%）	可消化赖 氨酸（%）	可消化蛋 + 胱氨酸（%）	可消化苏 氨酸（%）	可消化色 氨酸（%）
3 100	19.27	0.9	0.4	1.05	0.72	0.686	0.18

选择饲料原料为玉米、豆粕、棉粕、植物油、合成氨基酸，各种原料的营养素含量见表 4-6。

表 4-6　参配原料的营养素含量

原料	玉米	豆粕	棉籽粕	植物油	DL-蛋氨酸	赖氨酸盐酸盐	苏氨酸
代谢能 （kcal/kg）	3 220	2 390	2 030	8 370	4 920	3 820	3 000
粗蛋白质（%）	8.85	47.31	40.11		98	56	72

2.2.1.2　根据经验或参考当地配方，初步给出各原料的大致用量，计算出目标营养素含量。

肉仔鸡饲粮中各类饲料的比例一般为：能量饲料 60%~70%，蛋白质饲料 25%~35%，油脂 2%~5%，矿物质饲料等 3%~4%（其中，维生素和微量元素预混料一般各为 0.1%~0.5%）。初拟配方时，一般先将矿物质、食盐、预混料等原料的用量确定。

如表 4-7 中试算 1 所列出的比例，经计算得出此时的营养素含量。

试算 1 代谢能值：$3\,220 \times 0.623 + 2\,390 \times 0.235 + 2\,030 \times 0.05 + 8\,370 \times 0.047\,5 + 4\,920 \times 0.002 + 3\,820 \times 0.004 + 3\,000 \times 0.001\,3 = 3\,095.81$

试算 2 粗蛋白质：$8.85 \times 0.623 + 47.31 \times 0.235 + 40.11 \times 0.05 + 98 \times 0.002 + 56 \times 0.004 + 72 \times 0.001\,3 = 19.16$

2.2.1.3 与配方设定值进行比对，按照多减少补的原则，逐步调整相应原料用量，直至营养素水平达到配方设定值。

可见，以试算 1 所列原料比例进行配料时，配方的代谢能和粗蛋白含量均稍低，但代谢能水平已十分接近，因此增加豆粕用量以提高粗蛋白含量（试算 2），如此调整代谢能略高，粗蛋白也已十分接近，需要进一步调整，经过多次对能量和蛋白原料用量进行微调，最终代谢能和粗蛋白达到设定水平（试算 n）。

表 4-7 试差法计算营养素含量

原料组成	鸡代谢能 (kcal/kg)	粗蛋白 (%)	试算 1	试算 2	试算…	试算 n
玉米	3 220	8.85	62.3	62.3		62.235
豆粕	2 390	47.31	23.5	23.7		23.708
棉籽粕	2 030	40.11	5.0	5.0		5.0
植物油	8 370		4.75	4.75		4.75
DL-蛋氨酸	4 920	98.00	0.20	0.20		0.214
赖氨酸盐酸盐	3 820	56.00	0.40	0.40		0.406
苏氨酸	3 000	72.00	0.13	0.13		0.139
		设定水平	试算 1	试算 2	试算…	试算 n
配方计算	代谢能	3 100	3 095.81	3 100.59		3 099.87
粗蛋白	19.27	19.16	19.25			19.27

2.2.2 计算机电子表格（Excel）计算 随着电子产品的

普及，普通的养殖户家庭已大多具备购置电脑的能力或已配备有电脑。使用电脑自带的 office 软件中的电子表格（Excel）进行配方计算，较手工计算省时省力。

2.2.2.1　设定配方营养水平和配方使用的原料种类：仍以肉鸡 4~6 周饲料配制为例，营养水平设定同上。拟使用的原料为：玉米、豆粕、棉粕、植物油、磷酸氢钙、石粉、食盐、晶体氨基酸、维生素预混料（多维）、微量元素预混料（多矿）、氯化胆碱等。

2.2.2.2　在表格中列出配方原料品种、原料营养素含量和配方设定的营养水平：查阅国家数据库、NRC 标准或根据经验建立的自身饲料数据库，设定原料的营养素水平。如表 4 - 8 所示，将原料名称以列在表格左侧排布，原料营养素含量以行在表格上侧排布，同时，在表格下方列出设定的配方营养水平，便于计算时进行对照。

表 4 - 8　原料营养素含量和配方营养水平表

	代谢能 KcaI/kg	粗蛋白质 %	钙 %	总磷 %	换算磷 %	DLYS	蛋氨酸 %	DMET	胱氨酸 %	DI(m+c)	色氨酸 %	DTRP	苏氨酸 %	DThr
玉米	3220	8.85	0.02	0.06		0.24	0.18844	0.17	0.15813	0.35	0.15813	0.08	0.04999	0.29	0.23451
豆粕	2390	47.31	0.33	0.22		2.78	2.38922	0.61	0.55642	0.61	0.55642	0.63	0.55646	1.77	1.49476
棉籽粕	2030	40.11	0.28	0.36		1.45	0.94183	0.57	0.45557	0.57	0.45557	0.5	0.38915	1.2	0.87962
植物油	8370														
磷酸氢钙			22	17											
石粉			36												
盐															
DL蛋氨酸	4920	98.00						99.00							
赖氨酸	3620	56.00				78.80									
苏氨酸	3000	72.00												98.00	
多维															
多矿															
氯化胆碱															
Total															
营养需要 4—6W	3100	19.27	0.9	0.4		1.05				0.72		0.18			0.68

2.2.2.3　给出各原料的具体用量，计算出相应原料组成时的配方营养水平：

根据经验或参考其他配方，给出各种原料的添加水平，用电子表格加权求和的方式计算出特定原料组成时配方各营养素的实际总量。以表 4 - 9 中给出的原料比例进行计算，可知代谢能、钙和有效磷较高，粗蛋白和必需氨基酸含量较低，需要增加蛋白和氨基酸原料用量。

表 4 - 9　饲料配方初算

2.2.2.4　逐步微调各原料的用量，直至各营养素水平均达到设定值：根据初次计算所得的配方营养素的盈缺状况，不断调整各种原料的用量，直至所有营养素均无限接近或达到设定的营养水平。在第一次设定好各种营养素总量计算公式的情况下，手工任意调节原料用量，营养素含量会随着原料用量的调整而自动相应地变化并显出，无须再次重复计算，这是较手工计算的便利之处。

经过多次微调和计算，最终的配方组成见表 4 - 10。

表 4 - 10　饲料配方计算结果

	配方结果%	电能% (kcal/kg)	粗蛋白 %	钙 %	有效磷 %	粗盐 %	DLYS	蛋 DMET %	苏%	Dtrp(c)	色氨酸 %	DtRP	苏氨酸 %	Utrp
玉米	62.235	3220	8.85	0.02	0.06	0.24	0.18844	0.17	0.15813	0.35	0.30611	0.06	0.04999	0.29	0.23451
豆粕	23.708	2390	47.31	0.33	0.22	2.78	2.38922	0.61	0.55642	1.34	1.14862	0.63	0.55646	1.77	1.49476
棉籽粕	5	2030	40.11	0.28	0.36	1.45	0.94183	0.57	0.45557	1.23	0.90948	0.5	0.38915	1.2	0.87962
植物油	4.75	8370													
磷酸氢钙	1.718			22	17										
石粉	1.16			36											
盐	0.35														
DL蛋氨酸	0.214	4920	98.00						99.00						
赖氨酸	0.406	3820	56.00			78.80									
苏氨酸	0.139	3000	72.00										98.00		
多维	0.02														
多矿	0.1														
氯化胆碱	0.1														
Total	100	3099.87	19.2667	0.90024	0.39956	1.20087	1.05073	0.49078	0.46497	0.80887	0.72018	0.2117	0.18240	0.79633	0.660526
营养需要	4—6W	3100	19.27	0.9	0.4		1.05			0.72		0.18		0.68	

利用 Excel 电子表格优化饲料配方比较简便、快捷，表中数值的排列灵活多变，可根据用户要求自行设置，适于小型饲料厂和个人使用。

2.2.3　使用配方软件计算　用市场出售的电脑配方软件配合全价饲料，相对说来比较简单，一般只需要输入营养标准（通常也只是代谢能、粗蛋白质、钙、磷（有效磷）、赖氨酸、蛋氨酸、色氨酸、苏氨酸和异亮氨酸或者它们的可利用氨基酸）和所选用的饲料品种及价格。微量元素和维生素都用预混合料，按产品使用说明添加。一般微量元素预混料添加 0.5% ~ 1%，维生素预混料添加 0.015% ~ 0.03%，在输入饲料原料时，同时输入，而且可先确定用量（添加量），输完营养标准和饲料原料及价格后，按照操作程序按下指令，电脑就会显示按输入原料和价格配制的最低成本配方。

3 浓缩饲料

浓缩饲料是全价配合饲料的一种中间产品，是以蛋白质饲料为主（包括合成氨基酸），加上矿物质饲料添加剂或预混料（包括微量元素、维生素、药物、诱食剂及促生长保健剂等）按一定比例配制的均匀混合物。由于肉鸡饲料多需制粒，因此浓缩饲料用量不大。近年来，国内肉鸡饲料生产一直向全价配合饲料方向发展，浓缩饲料的份额不断萎缩，大有退出市场的趋势。浓缩料主要适用于零散的养殖户，或者能量原料充裕而蛋白原料欠缺的地域。

浓缩饲料 + 能量饲料 = 全价配合饲料，可见浓缩饲料最终是作为全价饲料的一部分而被动物食用的。浓缩饲料的配方不能脱离目标全价配合饲料，浓缩饲料的计算方法有两种：间接计算法和直接计算法，均是围绕全价饲料设定的营养水平进行计算。

3.1 间接计算法

间接计算法步骤：

3.1.1 根据饲养标准设计全价饲料配方。

3.1.2 确定浓缩饲料在全价饲料中的比例。

3.1.3 计算浓缩饲料的生产配方。

以肉鸡 22 ~ 42 天为例，计算过程如表 4 - 11。

3.1.3.1 设计出 21~42 日龄全价饲料配方。确定浓缩饲料比例为 40%，与 60% 的玉米混合为全价饲料。

3.1.3.2 将全价饲料中的能量饲料除去，折算成浓缩饲料配方。如本例中将玉米去掉 60% 后的剩余组分，各除以 0.4，即为浓缩饲料配方。

3.1.3.3 计算浓缩料中营养水平。尤其要注意能量的计算，因为其能量直接关系到全价饲料的营养水平。

表 4 – 11　由全价料配方间接计算浓缩饲料配方

饲料配方	全价料配方	全价料剩余组分	浓缩料配方
玉米	60.7	0.7	1.75
豆粕	21.0	21.0	52.5
鱼粉	2.0	2.0	5.00
棉籽粕	5.0	5.0	12.5
菜籽粕	4.5	4.5	11.25
磷酸氢钙	1.3	1.3	3.25
石粉	1.2	1.2	3.00
食盐	0.3	0.3	0.75
油	3.0	3.0	7.5
预混料	1.0	1.0	2.5
合计	100	40	100

3.2　直接计算法

直接计算法步骤：

3.2.1 确定全价配合饲料适宜的营养标准。

3.2.2 确定能量饲料与浓缩饲料的比例。

3.2.3 计算能量饲料所占的营养含量。

3.2.4 从全价饲料中扣除能量饲料的营养含量，计算浓缩料组分应提供的营养成分含量。

3.2.5 计算浓缩饲料达到的营养水平。

3.2.6 算出浓缩饲料原料配比。

以设计 22～42 日龄肉大鸡浓缩饲料配方为例，计算如下。

3. 2. 6. 1   确定全价饲料适宜的营养水平（表 4 – 12）。

表 4 – 12   全价饲料的营养标准（肉大鸡）

代谢能 （kcal/kg）	粗蛋 白（%）	钙（%）	可利用 磷（%）	赖氨 酸（%）	蛋＋胱氨 酸（%）
3 080	17. 76	1	0. 45	0. 91	0. 7

3. 2. 6. 2   确定能量饲料与浓缩饲料的比例。如能量饲料中玉米为 60%，次粉为 5%，则浓缩饲料的比例为 35%。

3. 2. 6. 3   计算能量饲料所占的营养含量（表 4 – 13）。

表 4 – 13   全价料中能量饲料的营养含量计算

饲料	配方 中比例	代谢能 （kcal/kg）	粗蛋白 （%）	钙 （%）	可利用 磷（%）	赖氨酸 （%）	蛋＋胱 酸（%）
玉米	60	1 980	4. 92	0. 012	0. 072	0. 168	0. 180
次粉	5	149. 5	0. 68	0. 004	0. 007	0. 026	0. 025
合计	65	2 129. 5	5. 60	0. 016	0. 079	0. 194	0. 205
	标准	3 080	17. 76	1	0. 45	0. 91	0. 7

3. 2. 6. 4   从饲养标准中扣除能量饲料的营养含量，计算浓缩饲料提供营养成分的含量（表 4 – 14）。

表 4 – 14   浓缩饲料在全价料中提供的营养含量

代谢能 （kcal/kg）	粗蛋白 （%）	钙 （%）	可利用磷 （%）	赖氨酸 （%）	蛋＋胱氨酸 （%）
950. 5	12. 16	0. 984	0. 371	0. 716	0. 495

3. 2. 6. 5   计算浓缩饲料应达到的营养水平。即用浓缩饲料应提供的营养成分的量除以 35% 得出数据（表 4 – 15）。

表 4 – 15   浓缩饲料需达到的营养水平

代谢能 （kcal/kg）	粗蛋白 （%）	钙 （%）	可利用磷 （%）	赖氨酸 （%）	蛋＋胱氨酸 （%）
2 715. 71	34. 74	2. 811	1. 06	2. 05	1. 41

3.2.6.6 选择适宜的饲料原料，计算出浓缩饲料的原料配比，列出配方（表4－16）。

表4－16 浓缩饲料配方

玉米	豆粕	肉骨粉	菜籽粕	棉籽粕	石粉	牛羊油	磷酸氢钙	赖氨酸	蛋氨酸	食盐	预混料	合计
10.97	48.06	11.42	8.57	8.57	1.74	5.43	0.89	0.43	0.09	0.97	2.86	100

4 肉鸡饲料配方设计发展动向

肉鸡饲养阶段的划分更科学，大部分从3个阶段过渡到4个阶段；

营养需要规格呈现多元化趋势，主要考虑与肉鸡品种、环境、追求的生产目标及饲料原料本身的评价体系等结合起来；

更多关注饲料原料养分的变异，将原料养分变异纳入到配方模型的系数矩阵中，形成非线性随机配方模型，提高配方养分的试剂达成概率。

采用理想蛋白模式，以原料的标准化回肠可消化氨基酸为基础配制低蛋白质、氨基酸平衡的饲料。

5 饲料配方制作重在实践积累

饲料配方制作是一门精细的技术，并不是仅仅通过简单的数学求和计算就可实现。生产中常常出现配方中各种营养指标均达到或超过标准，而肉鸡生产性能不理想的情况。因为营养需要受多种因素的制约，在进行配方设计时，尤其要充分考虑品种类型、生产性能、饲料原料供应和饲养管理条件等。此外，饲料原料间的颉颃、原料成分的变异、营养素估测失真、不能检测的毒素或抗营养因子含量超标以及加工损失等均会影响最终饲料产品的饲喂效果。在实践中应特别注意观测"动物对营养浓度变化的量化反应"，不断积累这方面的资料。如何做到准确估算原料营养素含量，并做到配方保真，同样需要在实践中不断摸索总结。

使用计算机配方软件优化配方，虽然比较方便快捷，但计算机软件终究只是配方师的助手，并不能代替配方师。各项营养指标的设定、原料的选择以及用量的约束或限制还必须要靠配方师来设定；计算机算出的饲料配方是否合理，能否使用，最后还要配方师来判断，使用时需要配方师的介入，做一些修改。因此，从饲料场或养殖户而言，不应因为有了配方软件而忽视配方师的作用，而从配方师来讲，也不能因为有了配方软件而忽视对营养学和配方设计知识的学习和实践。饲料配方设计水平的高低，在很大程度上取决于对营养需要的"理解和经验"，取决于对实际配方的不断跟踪和持续的经验积累。

第五章 肉鸡饲料配方集

第一节 预混合饲料配方

1 微量元素预混合饲料（0.1%）（表5-1）

表5-1 低污染肉鸡微量元素配方（参照NRC标准）

原料	$CuSO_4 \cdot 5H_2O$	$FeSO_4 \cdot H_2O$	$MnSO_4 \cdot H_2O$	$ZnSO_4 \cdot H_2O$	KI	Na_2SeO_3	沸石粉	合计
元素实际含量	24.99%	31.23%	30.40%	34.60%	1%	1%		
配方	31.96	256.17	197.39	115.54	35.14	15.05	348.75	1 000

2 复合预混合饲料（表5-2至表5-5）

表5-2 白羽肉鸡复合预混合饲料配方（1%）示例

原料	1%肉小鸡	1%肉中鸡	1%肉大鸡	原料	1%肉小鸡	1%肉中鸡	1%肉大鸡
$FeSO_4$	7.97	7.97	7.97	4%黄霉素	3		
$CuSO_4$	1.12	1.12	1.12	VD_3	0.5		
ZnO	7.3	7.3	7.3	洛克杀生	0.5	0.5	
$MnSO_4$	9.42	9.42	9.42	大蒜素	2	2	2.5
KI	1.05	1.05	1.05	微生态制剂			5
Na_2SeO_3	0.45	0.45	0.45	盐霉素	3		
复合多微	7.5	5.4	4	杆菌肽锌		20	
蛋氨酸	30	25	23				
赖氨酸	5	4	2	石粉	30	30	40
植酸梅	9.75	9	9	沸石粉	31.44	26.79	37.19
次粉	100	100	100	总重量	250	250	250

表5-3 白羽肉鸡1%预混合饲料

项目	有效成分	1%肉小鸡	1%肉中鸡	1%肉大鸡
肉鸡多维		2.6	2.2	2.1
硫酸亚铁一水	32.75%	2.10	1.68	1.51
硫酸铜五水	25.45%	1.23	0.98	0.88
硫酸锌一水	36.25%	1.21	0.97	0.87
硫酸锰一水	32.50%	2.31	1.85	1.66
亚硒酸钠	0.53%	0.71	0.57	0.51
碘化钾	0.76%	1.32	1.05	0.95
乙氧喹啉	25%	0.14	0.11	0.10
膨润土		16.00	12.80	11.52
金霉素	15%	6.7		
低聚异麦芽寡糖	90%		1.0	1.0
益生素			0.5	1.0
盐霉素	10%	5.0		

续表

项　目	有效成分 1%肉小鸡	1%肉中鸡	1%肉大鸡
蛋氨酸	14.0	12.0	10.0
赖氨酸	2.0	2.0	
氯化胆碱	10.0	8.0	8.0
抗氧化剂	1.0	1.0	1.0
糠壳粉	14.7	25.8	28.4
麦饭石	18.0	25.5	29.5
矿物油	1.0	1.0	1.0
合计	100.0	100.0	100.0

表5-4　白羽肉鸡5%预混合饲料配方（%）示例（肉中鸡）

0.02%维生素预混料	配比	0.2%微量元素预混料	配比	5%预混料	配比
VA	10	碱式氯化铜	2.6	蛋氨酸	2
VD_3	2	硫酸亚铁	162.6	微量元素预混料	4
VE（50%）	15	硫酸锌	116.0	氯化胆碱	1.6
VB_1	1	硫酸锰	12.3	杆菌肽锌	0.8
VB_2（80%）	3.3	碘酸钙	3.1	维生素预混料	0.4
VB_6	2	亚硒酸钠	5.6	磷酸氢钙	10.6
VB_{12}	1	麦饭石	333.7	石粉	26.36
VK_3（50%）	2	石粉	334.1	盐	7
泛酸钙	6	次粉	30.0	麦饭石	27
烟酸	15	合计	1 000	鱼粉	6
叶酸	0.5			菜籽粕	14
生物素	2.5			植酸酶	0.24
抗氧化剂	0.3			合计	100
玉米蛋白粉	39.4				
合计	100				

表 5 – 5　白羽肉鸡 5% 预混合饲料配方示例

原料	蛋氨酸	微量元素	氯化胆碱	酵母培养物	维生素	磷酸氢钙	石粉	食盐	麦饭石	鱼粉	除臭灵	植酸酶	合计
肉小鸡	2.5	5	2	5	0.48	10.6	26.36	7	34.56	6	0.24	0.26	100
肉中鸡	2	4	1.6	5	0.44	10.4	35.15	7	28.93	5	0.24	0.24	100
肉大鸡	1.5	3.6	1.6	5	0.42	10.2	35.15	7	32.05	3	0.24	0.24	100

第二节　配合饲料配方

1　肉小鸡配合饲料配方

1.1　玉米豆粕型（配方 1 ~ 21）

配方 1　（主要蛋白原料为豆粕）

原料名称	含量（%）	营养素名称	营养含量（%）
玉米	57.55	代谢能（kcal/kg）	3 000
豆粕	36.35	粗蛋白（%）	21.60
豆油	2.36	钙（%）	0.90
磷酸氢钙	1.74	可利用磷（%）	0.44
石粉	0.90	赖氨酸（%）	1.15
食盐	0.33	蛋氨酸（%）	0.50
DL -蛋氨酸	0.27	蛋 + 胱氨酸（%）	0.85
赖氨酸	0.20		
苏氨酸	0.07		
氯化胆碱（60%）	0.06		
预混料	0.17		

配方2 （主要蛋白原料为豆粕）

原料名称	含量（%）	营养素名称	营养含量（%）
玉米	57.60	代谢能（kcal/kg）	2 810
豆粕	37.45	粗蛋白（%）	22.00
油脂	0.70	钙（%）	0.95
骨粉	1.95	可利用磷（%）	0.50
磷酸氢钙	0.94	赖氨酸（%）	1.10
食盐	0.40	蛋氨酸（%）	0.52
赖氨酸	0.01	蛋+胱氨酸（%）	0.87
蛋氨酸	0.25		
预混料	0.70		

配方3 （主要蛋白原料为豆粕）

原料名称	含量（%）	营养素名称	营养含量（%）
玉米	57.28	代谢能（kcal/kg）	2 980
豆粕	37.11	粗蛋白（%）	21.80
豆油	1.73	钙（%）	0.91
磷酸氢钙	2.35	可利用磷（%）	0.52
石粉	0.63	赖氨酸（%）	1.05
食盐	0.35	蛋氨酸（%）	0.48
蛋氨酸	0.15		
预混料	0.40		

配方4 （主要蛋白原料为豆粕）

原料名称	含量（%）	营养素名称	营养含量（%）
玉米	58.80	代谢能（kcal/kg）	2 964
豆粕	34.50	粗蛋白（%）	20.90
豆油	3.00	钙（%）	0.90
磷酸氢钙	1.50	可利用磷（%）	0.44
石粉	0.60	赖氨酸（%）	1.21
蛋氨酸	0.20	蛋氨酸（%）	0.47
赖氨酸	0.10	蛋+胱氨酸（%）	0.83
食盐	0.30		
预混料	1.00		

配方 5 （主要蛋白原料为豆粕）

原料名称	含量（%）	营养素名称	营养含量（%）
玉米	55.8	代谢能（kcal/kg）	2 865
豆粕	38.0	粗蛋白（%）	22.46
豆油	2.0	钙（%）	0.99
磷酸氢钙	1.8	可利用磷（%）	0.45
石粉	1.1	赖氨酸（%）	1.23
食盐	0.3	蛋氨酸（%）	0.52
预混料	1.0	蛋+胱氨酸（%）	0.91

配方 6 （主要蛋白原料为豆粕）

原料名称	含量（%）	营养素名称	营养含量（%）
玉米	61.21	代谢能（kcal/kg）	2 905
豆粕	33.55	粗蛋白（%）	21.00
麦麸	1.00	钙（%）	1.00
混合油	0.50	总磷（%）	0.68
磷酸氢钙	1.70	可利用磷（%）	0.44
石粉	1.34	蛋氨酸（%）	0.40
DL-蛋氨酸	0.08	赖氨酸（%）	1.10
食盐	0.30	蛋+胱氨酸（%）	0.86
氯化胆碱	0.1		
维生素预混料	0.02		
微量元素预混料	0.20		

配方 7 （主要蛋白原料为豆粕）

原料名称	含量（%）	营养素名称	营养含量（%）
玉米	54.86	代谢能（kcal/kg）	2 988
豆粕	38.77	粗蛋白（%）	22.38
菜籽油	3.07	钙（%）	0.87
石粉	0.59	可利用磷（%）	0.45
磷酸氢钙	1.78	赖氨酸（%）	1.16
DL-蛋氨酸	0.20	蛋氨酸（%）	0.51
氯化胆碱	0.10	蛋+胱氨酸（%）	0.84
食盐	0.30		
预混料	0.33		

配方 8 （主要蛋白原料为豆粕）

原料名称	含量（%）	营养素名称	营养含量（%）
玉米	55.83	代谢能（kcal/kg）	3 000
豆粕	36.69	粗蛋白（%）	21.00
菜籽油	3.60	钙（%）	0.88
磷酸氢钙	1.73	可利用磷（%）	0.44
碳酸钙	0.93	赖氨酸（%）	1.10
赖氨酸	0.09	蛋氨酸（%）	0.50
蛋氨酸	0.17		
食盐	0.40		
多维	0.03		
矿添	0.30		
氯化胆碱	0.15		
促生长剂	0.05		
抗氧化剂	0.03		

配方 9 （主要蛋白原料为豆粕）

原料名称	含量（%）	营养素名称	营养含量（%）
玉米	55.43	代谢能（kcal/kg）	3 000
豆粕	35.45	粗蛋白（%）	21.72
大豆油	4.10	钙（%）	1.00
磷酸氢钙	1.92	可利用磷（%）	0.45
石粉	1.22	赖氨酸（%）	1.10
食盐	0.37	蛋＋胱氨酸（%）	0.88
氯化胆碱	0.26		
DL－蛋氨酸	0.22		
L－赖氨酸	0.03		
预混料	1.00		

配方 10 （主要蛋白原料为豆粕）

原料名称	含量（%）	营养素名称	营养含量（%）
玉米	57.39	代谢能（kcal/kg）	2 845
豆粕	36.16	粗蛋白（%）	20.50
豆油	2.24	钙（%）	1.00
磷酸氢钙	1.77	可利用磷（%）	0.45
石粉	1.27	赖氨酸（%）	1.16
食盐	0.35	蛋氨酸（%）	0.53
蛋氨酸	0.21		
苏氨酸	0.01		
预混料	0.60		

配方 11 （主要蛋白原料为豆粕）

原料名称	含量（%）	营养素名称	营养含量（%）
玉米	55.00	代谢能（kcal/kg）	2 796
豆粕	34.40	粗蛋白（%）	20.53
桑叶粉	4.00	钙（%）	0.95
植物油	1.7	可利用磷（%）	0.45
进口鱼粉	1.00	赖氨酸（%）	1.12
磷酸氢钙	1.60	蛋氨酸（%）	0.42
石粉	0.90		
食盐	0.30		
蛋氨酸	0.10		
预混料	1.00		

配方 12 （主要蛋白原料为豆粕）

原料名称	含量（%）	营养素名称	营养含量（%）
玉米	52.85	代谢能（kcal/kg）	2 808
豆粕	33.60	粗蛋白（%）	20.53
桑叶粉	6.00	钙（%）	0.97
植物油	2.53	可利用磷（%）	0.43
进口鱼粉	1.20	赖氨酸（%）	1.12
磷酸氢钙	1.50	蛋氨酸（%）	0.43

原料名称	含量（%）	营养素名称	营养含量（%）
石粉	0.90		
食盐	0.30		
蛋氨酸	0.12		
预混料	1.00		

配方 13　（主要蛋白原料为豆粕）

原料名称	含量（%）	营养素名称	营养含量（%）
玉米	52.23	代谢能（kcal/kg）	3 047
米糠	5.50	粗蛋白（%）	21.70
豆粕	34.30	钙（%）	0.90
豆油	3.40	可利用磷（%）	0.37
赖氨酸盐酸盐	0.09	赖氨酸（%）	1.25
DL-蛋氨酸	0.22	蛋氨酸（%）	0.58
碳酸氢钠	0.20	蛋+胱氨酸（%）	0.87
磷酸氢钙	1.55		
石粉	1.01		
食盐	0.30		
预混料	0.20		

配方 14　（蛋白原料为豆粕、玉米蛋白粉）

原料名称	含量（%）	营养素名称	营养含量（%）
玉米	56.34	代谢能（kcal/kg）	3 050
豆粕	32.85	粗蛋白（%）	22.50
玉米蛋白粉	6.20	钙（%）	1.00
大豆油	3.08	可利用磷（%）	0.50
石粉	0.52	赖氨酸（%）	1.42
食盐	0.38	蛋氨酸（%）	0.52
碳酸氢钠	0.09	蛋+胱氨酸（%）	1.01
蛋氨酸	0.19		
赖氨酸	0.09		
氯化胆碱	0.04		
预混料	0.22		

配方 15　（蛋白原料为豆粕、膨化大豆）

原料名称	含量（%）	营养素名称	营养含量（%）
玉米	56.3	代谢能（kcal/kg）	3 000
豆粕	27.0	粗蛋白（%）	21.18
膨化大豆	13.0	钙（%）	1.00
食盐	0.3	可利用磷（%）	0.47
石粉	1.15	赖氨酸（%）	1.02
磷酸氢钙	1.95	蛋氨酸（%）	0.42
赖氨酸	0.02	蛋＋胱氨酸（%）	0.77
蛋氨酸	0.13		
预混料	0.15		

配方 16　（蛋白原料为豆粕、玉米蛋白粉）

原料名称	含量（%）	营养素名称	营养含量（%）
玉米	56.31	代谢能（kcal/kg）	2 900
豆粕	33.76	粗蛋白（%）	21.01
玉米蛋白粉	4.00	钙（%）	1.00
植物油	1.73	可利用磷（%）	0.48
磷酸氢钙	1.90	赖氨酸（%）	1.10
石粉	1.36	蛋氨酸（%）	0.54
食盐	0.3	蛋＋胱氨酸（%）	0.82
DL-蛋氨酸	0.16	苏氨酸（%）	0.84
L-赖氨酸	0.14	色氨酸（%）	0.22
维生素预混料	0.02		
微量元素预混料	0.2		
50%氯化胆碱	0.1		
抗氧化剂	0.02		

配方 17　（蛋白原料为豆粕、玉米蛋白粉）

原料名称	含量（%）	营养素名称	营养含量（%）
玉米	62.24	代谢能（kcal/kg）	2 915
豆粕	29.49	粗蛋白（%）	21.50
玉米蛋白粉	6.70	钙（%）	1.00

续表

原料名称	含量（%）	营养素名称	营养含量（%）
大豆油	0.16	可利用磷（%）	0.50
石粉	0.52	赖氨酸（%）	1.24
食盐	0.33	蛋氨酸（%）	0.46
碳酸氢钠	0.13	蛋＋胱氨酸（%）	0.89
蛋氨酸	0.11		
氯化胆碱	0.05		
蛋白酶	0.05		
预混料	0.22		

配方 18 （蛋白原料为豆粕、肉骨粉）

原料名称	含量（%）	营养素名称	营养含量（%）
玉米	59.41	代谢能（kcal/kg）	2 924
豆粕	28.60	粗蛋白（%）	21.00
次粉	4.00	钙（%）	1.00
肉骨粉	5.46	可利用磷（%）	0.48
石粉	0.55	赖氨酸（%）	1.12
牛羊油	0.40	蛋氨酸（%）	0.48
磷酸氢钙	0.16	蛋＋胱氨酸（%）	0.82
赖氨酸	0.07		
蛋氨酸	0.04		
食盐	0.31		
预混料	1.00		

配方 19 （蛋白来源为豆粕—DDGS—玉米蛋白粉）

原料名称	含量（%）	营养素名称	营养含量（%）
玉米	61.40	代谢能（kcal/kg）	3 110
豆粕	31.00	粗蛋白（%）	20.06
DDGS	2.00	钙（%）	0.80
玉米蛋白粉	1.50	可利用磷（%）	0.40
磷酸氢钙	1.50	赖氨酸（%）	1.06
石粉	1.00	蛋氨酸（%）	0.48

续表

原料名称	含量（%）	营养素名称	营养含量（%）
大豆油	0.5	苏氨酸（%）	0.90
蛋氨酸	0.14	色氨酸（%）	0.29
碳酸氢钠	0.2		
食盐	0.26		
预混料	0.50		

配方 20　（蛋白来源为豆粕—水解羽毛粉）

原料名称	含量（%）	营养素名称	营养含量（%）
玉米	61.03	代谢能（kcal/kg）	2 822
豆粕	31.40	粗蛋白（%）	22.0
水解羽毛粉	3.00	钙（%）	0.95
油脂	0.30	可利用磷（%）	0.50
骨粉	2.09	赖氨酸（%）	1.10
磷酸氢钙	0.76	蛋氨酸（%）	0.43
食盐	0.40	蛋＋胱氨酸（%）	0.87
赖氨酸	0.16		
蛋氨酸	0.16		
预混料	0.70		

配方 21　（主要蛋白原料为豆粕—棉籽粕—DDGS—鱼粉—肉骨粉—味精蛋白—水解羽毛粉）

原料名称	含量（%）	营养素名称	营养含量（%）
玉米	62.0	代谢能（kcal/kg）	2 802
豆粕	24.3	粗蛋白（%）	20.0
棉籽粕	1.50	钙（%）	1.42
DDGS	3.00	可利用磷（%）	0.50
鱼粉	0.60	赖氨酸（%）	1.25
肉骨粉	1.50	蛋氨酸（%）	0.45
味精蛋白	1.20	苏氨酸（%）	0.84
水解羽毛粉	1.00		
玉米油	0.70		

原料名称	含量（%）	营养素名称	营养含量（%）
磷酸氢钙	0.70		
石粉	1.80		
食盐	0.25		
氯化胆碱	0.10		
赖氨酸	0.48		
蛋氨酸	0.17		
苏氨酸	0.10		
预混料	0.60		

1.2　玉米—豆粕—鱼粉型（配方 22 ~ 42）

配方 22　（主要蛋白原料为豆粕、鱼粉）

原料名称	含量（%）	营养素名称	营养含量（%）
玉米	60.03	代谢能（kcal/kg）	3 200
豆粕	27.00	粗蛋白（%）	21.80
鱼粉	7.00	钙（%）	1.00
豆油	2.60	可利用磷（%）	0.47
石粉	1.30	赖氨酸（%）	1.08
磷酸氢钙	0.60	蛋氨酸（%）	0.52
DL -蛋氨酸	0.15	蛋 + 胱氨酸（%）	0.91
L -赖氨酸	0.12		
食盐	0.20		
预混料	1.00		

配方 23　（主要蛋白原料为豆粕、鱼粉）

原料名称	含量（%）	营养素名称	营养含量（%）
玉米	48.50	ME（kcal/kg）	3 200
豆粕	36.70	粗蛋白（%）	23.00
进口鱼粉	5.00	钙（%）	1.00
植物油	7.00	可利用磷（%）	0.46
磷酸氢钙	1.48	赖氨酸（%）	1.25

续表

原料名称	含量（%）	营养素名称	营养含量（%）
石粉	0.93	蛋氨酸	0.58
蛋氨酸	0.18	蛋＋胱氨酸	0.93
食盐	0.21		
预混料	1.00		

配方 24　（主要蛋白原料为豆粕、鱼粉）

原料名称	含量（%）	营养素名称	营养含量（%）
玉米	52.10	代谢能（kcal/kg）	2 940
豆粕	33.90	粗蛋白（%）	23.00
鱼粉	6.20	钙（%）	1.10
大豆油	4.20	可利用磷（%）	0.52
石粉	1.30	赖氨酸（%）	1.31
磷酸氢钙	0.94	蛋氨酸（%）	0.55
赖氨酸	0.06		
食盐	0.30		
1%预混料	1.00		

配方 25　（主要蛋白原料为豆粕、鱼粉、玉米蛋白粉）

原料名称	含量（%）	营养素名称	营养含量（%）
玉米	58.0	代谢能（kcal/kg）	2 905
豆粕	27.0	粗蛋白（%）	21.51
次粉	3.0	钙（%）	0.97
进口鱼粉	4.0	可利用磷（%）	0.54
玉米蛋白粉	4.0	赖氨酸（%）	1.10
磷酸氢钙	1.4	蛋＋胱氨酸（%）	0.76
石粉	1.6		
预混料	1.0		

配方 26 （主要蛋白原料为豆粕、鱼粉）

原料名称	含量（%）	营养素名称	营养含量（%）
玉米	58.92	代谢能（kcal/kg）	2 930
豆粕	34.29	粗蛋白（%）	20.44
鱼粉	1.50	钙（%）	0.98
豆油	1.89	可利用磷（%）	0.41
石粉	1.26	赖氨酸（%）	1.14
磷酸氢钙	1.41	蛋氨酸（%）	0.46
蛋氨酸	0.13		
食盐	0.30		
预混料	0.30		

配方 27 （主要蛋白原料为豆粕、鱼粉）

原料名称	含量（%）	营养素名称	营养含量（%）
玉米	53.00	代谢能（kcal/kg）	3 000
豆粕	36.19	粗蛋白（%）	21.30
鱼粉	3.00	钙（%）	1.02
棕榈油	3.73	可利用磷（%）	0.45
60%氯化胆碱	0.25	蛋氨酸（%）	0.50
石粉	1.30	赖氨酸（%）	1.10
磷酸氢钙	1.15	蛋+胱氨酸（%）	0.84
食盐	0.20		
DL-蛋氨酸	0.18		
1%预混料	1.00		

配方 28 （主要蛋白原料为豆粕、鱼粉）

原料名称	含量（%）	营养素名称	营养含量（%）
玉米	60.50	代谢能（kcal/kg）	2 900
豆粕	32.00	粗蛋白（%）	20.82
鱼粉	2.00	钙（%）	0.94
豆油	1.70	可利用磷（%）	0.43
磷酸氢钙	1.40	赖氨酸（%）	1.02
石粉	1.10	蛋氨酸（%）	0.50
食盐	0.30	蛋+胱氨酸（%）	0.88
预混料	1.00		

配方 29 （主要蛋白原料为豆粕、鱼粉）

原料名称	含量（%）	营养素名称	营养含量（%）
玉米	58.31	代谢能（kcal/kg）	2 924
豆粕	29.30	粗蛋白（%）	21.00
次粉	4.00	钙（%）	1.00
鱼粉	4.00	可利用磷（%）	0.48
石粉	1.15	赖氨酸（%）	1.13
牛羊油	0.90	蛋氨酸（%）	0.48
磷酸氢钙	1.05	蛋+胱氨酸（%）	0.81
食盐	0.29		
预混料	1.00		

配方 30 （主要蛋白原料为豆粕、鱼粉）

原料名称	含量（%）	营养素名称	营养含量（%）
玉米	51.73	代谢能（kcal/kg）	3 050
豆粕	31.31	粗蛋白（%）	21.00
次粉	5.00	钙（%）	1.00
鱼粉	3.50	可利用磷（%）	0.45
植物油	4.48	赖氨酸（%）	1.16
石粉	1.29	蛋氨酸（%）	0.48
磷酸氢钙	1.21	蛋+胱氨酸（%）	0.82
食盐	0.25		
蛋氨酸	0.23		
预混料	1.00		

配方 31 （主要蛋白原料为豆粕、鱼粉）

原料名称	含量（%）	营养素名称	营养含量（%）
玉米	59.88	代谢能（kcal/kg）	2 900
豆粕	34.00	粗蛋白（%）	21.00
进口鱼粉	3.00	钙（%）	0.96
磷酸氢钙	1.40	可利用磷（%）	0.46
石粉	1.20	赖氨酸（%）	1.10
蛋氨酸	0.11	蛋氨酸（%）	0.45
食盐	0.28		
预混料	0.13		

配方 32 （主要蛋白原料为豆粕、鱼粉）

原料名称	含量（%）	营养素名称	营养含量（%）
玉米	56.40	代谢能（kcal/kg）	3 000
豆粕	33.40	粗蛋白（%）	21.44
鱼粉	3.80	钙（%）	1.18
植物油	3.00	可利用磷（%）	0.47
磷酸氢钙	1.45	赖氨酸（%）	1.19
碳酸钙	1.05	蛋氨酸（%）	0.57
食盐	0.30	蛋+胱氨酸（%）	0.89
蛋氨酸	0.20		
预混料	0.40		

配方 33 （蛋白来源为豆粕、鱼粉、玉米蛋白粉）

原料名称	含量（%）	营养素名称	营养含量（%）
玉米	65.00	代谢能（kcal/kg）	2 900
豆粕	25.00	粗蛋白（%）	19.70
鱼粉	2.00	钙（%）	1.00
玉米蛋白粉	2.00	可利用磷（%）	0.45
豆油	1.05	赖氨酸（%）	1.02
沸石粉	0.95	蛋氨酸（%）	0.46
预混料	4.00	蛋+胱氨酸（%）	0.82

配方 34 （蛋白来源为豆粕、鱼粉、玉米蛋白粉）

原料名称	含量（%）	营养素名称	营养含量（%）
玉米	58.33	代谢能（kcal/kg）	3 002
大豆粕	31.2	粗蛋白（%）	22.03
国产鱼粉	1.00	钙（%）	0.95
玉米蛋白粉	4.00	可利用磷（%）	0.44
大豆油	1.50	赖氨酸（%）	1.20
石粉	1.10	蛋氨酸（%）	0.48
磷酸氢钙	1.60	蛋+胱氨酸（%）	0.80
赖氨酸	0.14		
蛋氨酸	0.13		
1%预混料	1.00		

配方 35　（蛋白来源为豆粕、鱼粉、玉米蛋白粉）

原料名称	含量（%）	营养素名称	营养含量（%）
玉米	58.90	代谢能（kcal/kg）	2 998
豆粕	18.10	粗蛋白（%）	21.00
玉米蛋白粉	6.00	钙（%）	1.00
鱼粉	4.00	可利用磷（%）	0.44
黄豆粉	4.00	赖氨酸（%）	1.21
酵母粉	3.00	蛋氨酸（%）	0.48
磷酸氢钙	0.90	蛋+胱氨酸（%）	0.89
石粉	1.50		
猪油	2.10		
预混料	2.00		

配方 36　（主要蛋白原料为豆粕、发酵啤酒酵母、鱼粉）

原料名称	含量（%）	营养素名称	营养含量（%）
玉米	49.76	代谢能（kcal/kg）	3 050
豆粕	23.61	粗蛋白（%）	21.00
次粉	5.00	钙（%）	1.00
发酵啤酒酵母	10.00	可利用磷（%）	0.45
鱼粉	3.50	赖氨酸（%）	1.16
植物油	4.06	蛋氨酸（%）	0.48
石粉	1.30	蛋+胱氨酸（%）	0.82
磷酸氢钙	1.30		
食盐	0.25		
蛋氨酸	0.22		
预混料	1.00		

配方 37　（主要蛋白原料为豆粕、鱼粉）

原料名称	含量（%）	营养素名称	营养含量（%）
玉米	55.60	代谢能（kcal/kg）	2 911
豆粕	23.30	粗蛋白（%）	21.63
麸皮	11.00	钙（%）	0.90
鱼粉	8.00	可利用磷（%）	0.40

续表

原料名称	含量（%）	营养素名称	营养含量（%）
骨粉	0.60	赖氨酸（%）	1.09
贝壳粉	0.80	蛋氨酸（%）	0.45
食盐	0.35	蛋＋胱氨酸（%）	0.85
蛋氨酸	0.20		
赖氨酸	0.15		

配方 38　（主要蛋白原料为豆粕、鱼粉）

原料名称	含量（%）	营养素名称	营养含量（%）
玉米	56.00	代谢能（kcal/kg）	2 911
豆粕	23.00	粗蛋白（%）	21.39
麸皮	7.00	钙（%）	0.90
鱼粉	8.00	可利用磷（%）	0.40
葡萄渣	4.00	赖氨酸（%）	1.09
骨粉	0.70	蛋氨酸（%）	0.45
贝壳粉	0.60	蛋＋胱氨酸（%）	0.85
食盐	0.35		
蛋氨酸	0.20		
赖氨酸	0.15		

配方 39　（主要蛋白原料为豆粕、膨化大豆、鱼粉）

原料名称	含量（%）	营养素名称	营养含量（%）
玉米	62.62	代谢能（kcal/kg）	3 000
豆粕	15.15	粗蛋白（%）	20.00
膨化大豆	16.25	钙（%）	1.00
鱼粉	3.00	可利用磷（%）	0.45
赖氨酸盐酸盐	0.03	可消化赖氨酸（%）	0.98
蛋氨酸	0.16	可消化蛋氨酸（%）	0.46
磷酸氢钙	1.09		
石粉	0.63		
食盐	0.30		
氯化胆碱	0.20		
预混料	0.57		

配方 40　（主要蛋白原料为豆粕、鱼粉、芝麻粕）

原料名称	含量（%）	营养素名称	营养含量（%）
玉米	62.00	代谢能（kcal/kg）	2 994
豆粕	26.00	粗蛋白（%）	20.10
鱼粉	6.00	钙（%）	1.03
芝麻粕	3.00	可利用磷	0.48
骨粉	2.00	赖氨酸（%）	1.12
食盐	0.3	蛋氨酸（%）	0.47
蛋氨酸	0.05		
赖氨酸	0.05		
预混料	0.6		

配方 41　（主要蛋白原料为豆粕、鱼粉、棉饼）

原料名称	含量（%）	营养素名称	营养含量（%）
玉米	59.0	代谢能（kcal/kg）	12.00
豆粕	21.0	粗蛋白（%）	20.70
鱼粉	6.7	钙（%）	1.15
棉饼	4.0	可利用磷（%）	0.56
骨粉	2.0	蛋氨酸（%）	0.45
麸皮	6.0	赖氨酸（%）	1.10
食盐	0.3	蛋 + 胱氨酸（%）	0.75
预混料	1.0		

配方 42　（主要蛋白原料为豆粕、鱼粉、羽毛粉、菜籽粕）

原料名称	含量（%）	营养素名称	营养含量（%）
玉米	56.0	代谢能（kcal/kg）	2 906
次粉	10.0	粗蛋白（%）	20.91
豆粕	14.0	钙（%）	0.98
麦麸	5.0	可利用磷（%）	0.47
进口鱼粉	4.0	赖氨酸（%）	0.98
羽毛粉	4.0	蛋 + 胱氨酸（%）	0.77
菜籽粕	5.0		
骨粉	1.7		
食盐	0.3		

1.3 玉米—豆粕—杂粮型（配方 43～69）

配方 43 （主要蛋白原料为豆粕、棉籽粕、菜籽粕）

原料名称	含量（%）	营养素名称	营养含量（%）
玉米	55.73	代谢能（kcal/kg）	2 880
豆粕	33.8	粗蛋白（%）	20.98
棉籽粕	2.5	钙（%）	0.89
菜籽粕	2.5	可利用磷（%）	0.42
混合油	1.95	赖氨酸（%）	1.11
磷酸氢钙	1.64	蛋氨酸（%）	0.51
石粉	0.8	蛋＋胱氨酸（%）	0.88
赖氨酸	0.00		
DL－蛋氨酸	0.20		
食盐	0.35		
预混料	0.33		

配方 44 （主要蛋白原料为豆粕、菜籽粕）

原料名称	含量（%）	营养素名称	营养含量（%）
玉米	53.94	代谢能（kcal/kg）	2 988
豆粕	29.23	粗蛋白（%）	21.36
菜籽粕	10.90	钙（%）	0.85
菜籽油	3.15	可利用磷（%）	0.45
石粉	0.48	赖氨酸（%）	1.10
磷酸氢钙	1.33	蛋氨酸（%）	0.47
L－赖氨酸盐酸盐	0.02	蛋＋胱氨酸（%）	0.90
DL－蛋氨酸	0.22		
氯化胆碱	0.10		
食盐	0.30		
预混料	0.33		

配方 45　（主要蛋白原料为豆粕、棉籽蛋白）

原料名称	含量（%）	营养素名称	营养含量（%）
玉米	51.50	代谢能（kcal/kg）	2 845
豆粕	18.00	粗蛋白（%）	20.50
棉籽蛋白	21.58	钙（%）	1.00
豆油	4.45	可利用磷（%）	0.45
磷酸氢钙	1.58	赖氨酸（%）	1.16
石粉	1.43	蛋氨酸（%）	0.53
食盐	0.35		
赖氨酸	0.27		
蛋氨酸	0.21		
苏氨酸	0.03		
酶制剂	0.10		
预混料	0.50		

配方 46　（蛋白来源为豆粕、豌豆蛋白粉、芝麻饼、羽毛粉）

原料名称	含量（%）	营养素名称	营养含量（%）
玉米	60	代谢能（kcal/kg）	3 025
豆粕	11	粗蛋白（%）	21.33
豌豆蛋白粉	9.6	钙（%）	0.97
芝麻饼	10.6	可利用磷（%）	0.44
羽毛粉	3	赖氨酸（%）	1.03
玉米油	2.3	蛋+胱氨酸（%）	0.84
食盐	0.2		
磷酸氢钙	1.3		
石粉	0.72		
赖氨酸	0.10		
蛋氨酸	0.18		
预混料	1.00		

配方 47　（主要蛋白原料为豆粕、棉籽粕、米糠粕）

原料名称	含量（%）	营养素名称	营养含量（%）
玉米	54.62	代谢能（kcal/kg）	2 890
豆粕	31.00	粗蛋白（%）	20.67
次粉	3.00	钙（%）	1.06
棉籽粕	1.00	可利用磷（%）	0.53
米糠粕	3.00	赖氨酸（%）	1.19
骨粉	2.50	蛋氨酸（%）	0.51
猪油	0.80	蛋+胱氨酸（%）	0.89
磷酸氢钙	2.00		
石粉	1.00		
碳酸氢钠	0.10		
赖氨酸	0.19		
液体蛋氨酸	0.26		
50%氯化胆碱	0.10		
食盐	0.25		
多维预混料	0.03		
微量元素预混料	0.15		

配方 48　（主要蛋白原料为去皮豆粕、DDGS、棉籽粕、玉米蛋白粉）

原料名称	含量（%）	营养素名称	营养含量（%）
玉米	66.60	代谢能（kcal/kg）	2 955
去皮豆粕	13.20	粗蛋白（%）	20.62
DDGS	6.00	钙（%）	0.81
棉籽粕	2.00	可利用磷（%）	0.36
玉米蛋白粉	1.50	赖氨酸（%）	1.03
玉米油	3.20	蛋+胱氨酸（%）	0.73
磷酸氢钙	1.87		
石粉	0.57		
食盐	0.27		
预混料	4.79		

配方 49 （主要蛋白原料为豆粕、棉籽粕、米糠粕）

原料名称	含量（%）	营养素名称	营养含量（%）
玉米	52.92	代谢能（kcal/kg）	2 751
豆粕	26.00	粗蛋白（%）	20.06
次粉	5.00	钙（%）	1.05
棉籽粕	3.00	可利用磷（%）	0.54
麸皮	4.00	赖氨酸（%）	1.12
米糠粕	2.50	蛋氨酸（%）	0.49
骨粉	2.50	蛋＋胱氨酸（%）	0.87
磷酸氢钙	2.00		
石粉	1.00		
碳酸氢钠	0.10		
赖氨酸	0.19		
液体蛋氨酸	0.26		
50%氯化胆碱	0.10		
食盐	0.25		
多维预混料	0.03		
微量元素预混料	0.15		

配方 50 （主要蛋白原料为豆粕、肉骨粉、菜籽粕）

原料名称	含量（%）	营养素名称	营养含量（%）
玉米	57.25	代谢能（kcal/kg）	2 921
豆粕	29.00	粗蛋白（%）	21.00
次粉	4.00	钙（%）	1.00
肉骨粉	4.00	可利用磷（%）	0.49
菜籽粕	2.00	赖氨酸（%）	1.11
石粉	0.70	蛋氨酸（%）	0.48
牛羊油	1.05	蛋＋胱氨酸（%）	0.82
磷酸氢钙	0.55		
赖氨酸	0.07		
蛋氨酸	0.04		
食盐	0.34		
预混料	1.00		

配方 51 （主要蛋白原料为豆粕、DDGS、菜籽粕）

原料名称	含量（%）	营养素名称	营养含量（%）
玉米	41.41	代谢能（kcal/kg）	2 878
豆粕	30.00	粗蛋白（%）	23
DDGS	10.00	钙（%）	1.00
菜籽粕	5.00	可利用磷（%）	0.48
米糠	5.00	赖氨酸（%）	1.12
豆油	4.37	蛋氨酸（%）	0.45
磷酸氢钙	1.7		
石粉	1.22		
食盐	0.30		
预混料	1.00		

配方 52 （主要蛋白原料为豆粕、棉籽粕、玉米蛋白粉）

原料名称	含量（%）	营养素名称	营养含量（%）
玉米	60.60	代谢能（kcal/kg）	2 870
豆粕	31.40	粗蛋白（%）	20.90
棉籽粕	3.00	钙（%）	1.07
玉米蛋白粉	1.00	可利用磷（%）	0.46
磷酸氢钙	1.74	赖氨酸（%）	1.02
石粉	1.10	蛋氨酸（%）	0.48
食盐	0.25	蛋＋胱氨酸（%）	0.85
预混料	1.00		

配方 53 （主要蛋白原料为豆粕、棉籽粕、菜籽粕）

原料名称	含量（%）	营养素名称	营养含量（%）
玉米	53.46	代谢能（kcal/kg）	2 900
豆粕	35.71	粗蛋白（%）	22.00
棉籽粕	3.00	钙（%）	1.00
菜籽粕	1.00	可利用磷（%）	0.45
大豆油	2.10	赖氨酸（%）	1.10
赖氨酸	0	蛋氨酸（%）	0.5

原料名称	含量（%）	营养素名称	营养含量（%）
蛋氨酸	0.24	蛋＋胱氨酸（%）	0.86
石粉	1.02		
磷酸氢钙	2.1		
食盐	0.37		
预混料	1.00		

配方 54 （主要蛋白原料为豆粕、棉籽粕、菜籽粕、玉米蛋白粉）

原料名称	含量（%）	营养素名称	营养含量（%）
玉米	49.94	代谢能（kcal/kg）	2 897
豆粕	20.55	粗蛋白（%）	19.5
次粉	7.00	钙（%）	0.90
油糠	6.00	可利用磷（%）	0.35
棉籽粕	3.00	赖氨酸（%）	1.09
菜籽粕	3.00	蛋氨酸（%）	0.5
玉米蛋白粉	3.00	蛋＋胱氨酸（%）	0.85
大豆油	2.08		
鱼粉	1.00		
赖氨酸	0.28		
蛋氨酸	0.17		
石粉	1.50		
磷酸氢钙	1.05		
50%氯化胆碱	0.12		
食盐	0.31		
预混料	1.00		

配方 55 （主要蛋白原料为豆粕、棉籽粕、DDGS、玉米蛋白粉）

原料名称	含量（%）	营养素名称	营养含量（%）
玉米	57.62	代谢能（kcal/kg）	2 930
豆粕	20.66	粗蛋白（%）	21.30
棉籽粕	6.00	钙（%）	0.85
DDGS	5.00	可利用磷（%）	0.36

原料名称	含量（%）	营养素名称	营养含量（%）
玉米蛋白粉	4.28	赖氨酸（%）	1.00
大豆油	2.64	蛋氨酸（%）	0.51
磷酸氢钙	1.20	蛋+胱氨酸（%）	0.79
石粉	1.25		
食盐	0.35		
50%氯化胆碱	0.16		
赖氨酸盐酸盐	0.38		
蛋氨酸	0.20		
苏氨酸	0.02		
维生素微量元素预混料	0.24		

配方56　（主要蛋白原料为豆粕、鱼粉、棕榈仁粕）

原料名称	含量（%）	营养素名称	营养含量（%）
玉米	29.08	代谢能（kcal/kg）	3 000
豆粕	34.18	粗蛋白（%）	21.37
鱼粉	3.00	钙（%）	1.03
棕榈仁粕	20.00	盐（%）	0.39
棕榈油	10.44	总磷（%）	0.75
60%氯化胆碱	0.25	可利用磷（%）	0.45
石粉	1.18	蛋氨酸（%）	0.50
磷酸氢钙	1.15	赖氨酸（%）	0.98
食盐	0.21	蛋+胱氨酸（%）	0.83
DL-蛋氨酸	0.19		
1%预混料	0.1		
抗氧化剂	0.02		
复合酶	0.20		

配方 57 （主要蛋白原料为豆粕、棉籽粕）

原料名称	含量（%）	营养素名称	营养含量（%）
玉米	63.76	代谢能（kcal/kg）	2 775
豆粕	28.80	粗蛋白（%）	20.0
棉籽粕	2.00	钙（%）	1.01
磷酸氢钙	1.66	可利用磷（%）	0.43
石粉	1.06	赖氨酸（%）	1.00
玉米油	0.80	蛋氨酸（%）	0.48
食盐	0.34		
赖氨酸盐酸盐	0.31		
DL-蛋氨酸	0.07		
L-苏氨酸	0.14		
酶制剂	0.06		
预混料	1.00		

配方 58 （主要蛋白原料为豆粕、花生粕）

原料名称	含量（%）	营养素名称	营养含量（%）
玉米	55	代谢能（kcal/kg）	2 970
豆粕	28.2	粗蛋白（%）	21.10
花生粕	10	钙（%）	0.91
大豆油	2.85	可利用磷（%）	0.49
赖氨酸	0.23	赖氨酸（%）	1.15
蛋氨酸	0.20	蛋+胱氨酸（%）	0.88
石粉	0.8		
磷酸氢钙	2.1		
食盐	0.3		
胆碱	0.1		
预混料	0.22		

配方 59 （主要蛋白原料为豆粕、鱼粉、葵花籽饼、菜籽粕、棉籽粕）

原料名称	含量（%）	营养素名称	营养含量（%）
玉米	60.28	代谢能（kcal/kg）	2 802
豆粕	22.00	粗蛋白（%）	19.56

原料名称	含量（%）	营养素名称	营养含量（%）
进口鱼粉	0.70	钙（%）	1.10
葵花籽饼	4.00	可利用磷（%）	0.43
菜籽粕	4.00	赖氨酸（%）	1.01
棉籽粕	5.00	蛋＋胱氨酸（%）	0.79
棉籽油	0.50		
磷酸氢钙	1.50		
石粉	1.00		
食盐	0.30		
赖氨酸	0.16		
蛋氨酸	0.16		
预混料	0.30		
甘露聚糖酶	0.10		

配方60 （主要蛋白原料为豆粕、鱼粉、葵花籽饼、菜籽粕、棉籽粕）

原料名称	含量（%）	营养素名称	营养含量（%）
玉米	60.00	代谢能（kcal/kg）	2 770
豆粕	24.00	粗蛋白（%）	20.01
秘鲁鱼粉	1.50	钙（%）	1.00
葵花籽饼	4.20	盐（%）	0.37
菜籽粕	2.50	总磷（%）	0.68
棉籽粕	4.00	可利用磷（%）	0.45
石粉	0.60	蛋氨酸（%）	0.50
磷酸氢钙	1.40	赖氨酸（%）	1.10
赖氨酸	0.19	蛋＋胱氨酸（%）	0.88
DL－蛋氨酸	0.18		
食盐	0.30		
氯化胆碱	0.10		
维生素预混料	0.03		
矿物质添加剂	1.00		

配方 61 （主要蛋白原料为豆粕、菜籽粕、棉籽粕）

原料名称	含量（%）	营养素名称	营养含量（%）
玉米	59.075	代谢能（kcal/kg）	2 900
豆粕	29.35	粗蛋白（%）	20.30
菜籽粕	2.80	钙（%）	0.88
棉籽粕	2.80	可利用磷（%）	0.44
菜籽油	2.06	赖氨酸（%）	1.06
磷酸氢钙	1.67	蛋氨酸（%）	0.48
石粉	0.97	蛋+胱氨酸（%）	0.86
赖氨酸	0.15		
蛋氨酸	0.16		
食盐	0.40		
氯化胆碱	0.15		
盐霉素	0.06		
乙氧喹	0.025		
预混料	0.33		

配方 62 （主要蛋白原料为豆粕、菜籽粕、玉米蛋白粉）

原料名称	含量（%）	营养素名称	营养含量（%）
玉米	60.4	代谢能（kcal/kg）	2 800
豆粕	29.00	粗蛋白（%）	19.56
麦麸	2.00	钙（%）	0.86
菜籽粕	2.00	可利用磷（%）	0.42
玉米蛋白粉	3.00	赖氨酸（%）	0.98
磷酸氢钙	1.30	蛋氨酸（%）	0.45
石粉	1.00	蛋+胱氨酸（%）	0.81
食盐	0.30		
预混料	1.00		

配方 63 （主要蛋白原料为豆粕、棉籽粕、DDGS、玉米蛋白粉）

原料名称	含量（%）	营养素名称	营养含量（%）
玉米	51.17	代谢能（kcal/kg）	3 000
豆粕	23.85	粗蛋白（%）	22.33

续表

原料名称	含量（%）	营养素名称	营养含量（%）
棉籽粕	6.00	钙（%）	1.00
DDGS	5.00	可利用磷（%）	0.45
玉米蛋白粉	5.00	赖氨酸（%）	1.15
大豆油	4.67	蛋氨酸（%）	0.54
磷酸氢钙	1.76	蛋+胱氨酸（%）	0.90
石粉	1.33		
食盐	0.35		
50%氯化胆碱	0.16		
赖氨酸盐酸盐	0.29		
蛋氨酸	0.18		
抗氧化剂	0.02		
肉鸡多维多矿	0.22		

配方64　（主要蛋白原料为豆粕、鱼粉、羽毛粉、肉骨粉）

原料名称	含量（%）	营养素名称	营养含量（%）
玉米	54.00	代谢能（kcal/kg）	2 900
次粉	8.47	粗蛋白（%）	20.50
麦麸	5.00	钙（%）	1.02
豆粕	14.00	可利用磷（%）	0.43
菜籽粕	5.00	赖氨酸（%）	1.10
进口鱼粉	4.00	蛋氨酸（%）	0.49
水解羽毛粉	4.00	蛋+胱氨酸（%）	0.88
进口肉骨粉	1.70		
植物油	1.25		
磷酸氢钙	0.40		
石粉	1.48		
赖氨酸盐酸盐	0.15		
DL-蛋氨酸	0.18		
食盐	0.30		
预混料	0.40		

配方 65 （主要蛋白原料为豆粕、鱼粉、棉籽粕、菜籽粕、葵粕）

原料名称	含量（%）	营养素名称	营养含量（%）
玉米	61.00	代谢能（kcal/kg）	3 150
豆粕	17.00	粗蛋白（%）	17.8
鱼粉	2.000	钙（%）	0.89
麸皮	2.50	可利用磷（%）	0.42
次粉	2.00	赖氨酸（%）	1.00
棉籽粕	5.00	蛋+胱氨酸（%）	0.77
菜籽粕	4.00	苏氨酸酸（%）	0.75
葵粕	3.00	色氨酸酸（%）	0.18
石粉	1.00		
磷酸氢钙	1.20		
食盐	0.30		
预混料	1.00		

配方 66 （主要蛋白原料为豆粕、花生粕、鱼粉）

原料名称	含量（%）	营养素名称	营养含量（%）
玉米	55.80	代谢能（kcal/kg）	3 065
豆粕	14.50	粗蛋白（%）	22.26
花生粕	14.5	钙（%）	1.00
秘鲁鱼粉	8.00	盐（%）	0.37
骨粉	2.00	总磷（%）	0.73
动物油	3.50	可利用磷（%）	0.46
食盐	0.30	蛋氨酸（%）	0.47
赖氨酸	0.10	赖氨酸（%）	1.12
DL-蛋氨酸	0.15	蛋+胱氨酸（%）	0.81
1%预混料	1.00		
微量元素添加剂	0.15		

配方 67 （主要蛋白原料为豆粕、花生粕、棉籽粕）

原料名称	含量（%）	营养素名称	营养含量（%）
玉米	53.40	代谢能（kcal/kg）	2 950
豆粕	30.00	粗蛋白（%）	21.60
次粉	5.00	钙（%）	0.88
花生粕	3.00	总磷（%）	0.60
棉籽粕	3.00	可利用磷（%）	0.43
石粉	1.02	蛋氨酸（%）	0.50
磷酸氢钙	1.70	赖氨酸（%）	1.13
赖氨酸	0.07	蛋+胱氨酸（%）	0.83
DL-蛋氨酸	0.20		
食盐	0.26		
氯化胆碱	0.10		
预混料	0.50		

配方 68 （主要蛋白原料为豆粕、玉米蛋白粉、菜籽粕、棉籽粕）

原料名称	含量（%）	营养素名称	营养含量（%）
玉米	67.07	代谢能（kcal/kg）	2 900
豆粕	14.8	粗蛋白（%）	19.00
玉米蛋白粉	3.00	钙（%）	0.80
菜籽粕	3.00	可利用磷（%）	0.36
棉籽粕	8.00	赖氨酸（%）	1.07
豆油	0.50	蛋氨酸（%）	0.47
石粉	1.08	苏氨酸（%）	0.73
磷酸氢钙	1.26	色氨酸（%）	0.18
赖氨酸	0.36		
DL-蛋氨酸	0.15		
苏氨酸	0.06		
食盐	0.28		
胆碱	0.09		
复合酶制剂	0.35		

配方 69　（主要蛋白原料为豆粕、玉米蛋白粉、
菜籽粕、棉籽粕、葵仁粕）

原料名称	含量（%）	营养素名称	营养含量（%）
玉米	66.39	代谢能（kcal/kg）	2 900
豆粕	7.90	粗蛋白（%）	19.00
玉米蛋白粉	3.00	钙（%）	0.80
菜籽粕	3.00	可利用磷（%）	0.36
棉籽粕	8.00	赖氨酸（%）	1.07
葵仁粕	7.00	蛋氨酸（%）	0.47
豆油	1.00	苏氨酸（%）	0.73
石粉	1.05	色氨酸（%）	0.18
磷酸氢钙	1.27		
赖氨酸	0.46		
DL-蛋氨酸	0.13		
苏氨酸	0.08		
食盐	0.28		
胆碱	0.09		
复合酶制剂	0.35		

1.4　玉米—小麦—豆粕型（配方 70～79）

配方 70　（主要蛋白原料为豆粕）

原料名称	含量（%）	营养素名称	营养含量（%）
玉米	37.2	代谢能（kcal/kg）	2 830
小麦	18.6	粗蛋白（%）	23.19
豆粕	38.0	钙（%）	0.94
豆油	2.0	可利用磷（%）	0.44
磷酸氢钙	1.8	赖氨酸（%）	1.19
石粉	1.1	蛋氨酸（%）	0.45
食盐	0.3	蛋+胱氨酸（%）	0.85
预混料	1.0		

配方 71　（主要蛋白原料为豆粕）

原料名称	含量（%）	营养素名称	营养含量（%）
玉米	49.70	代谢能（kcal/kg）	3 230
小麦	6.80	粗蛋白（%）	21.22
豆粕	35.00	钙（%）	1.07
动物油	4.10	可利用磷（%）	0.42
磷酸氢钙	1.92	赖氨酸（%）	1.19
食盐	0.30	蛋＋胱氨酸（%）	0.82
蛋氨酸	0.18		
赖氨酸	0.25		
预混料	1.00		

配方 72　（主要蛋白原料为豆粕、棉籽粕、玉米蛋白粉）

原料名称	含量（%）	营养素名称	营养含量（%）
玉米	45.30	代谢能（kcal/kg）	2 870
小麦	18.00	粗蛋白（%）	20.90
豆粕	26.60	钙（%）	1.07
棉籽粕	3.00	可利用磷（%）	0.37
玉米蛋白粉	3.00	赖氨酸（%）	1.02
磷酸氢钙	1.74	蛋氨酸（%）	0.38
石粉	1.10	蛋＋胱氨酸（%）	0.83
食盐	0.26		
预混料	1.00		

配方 73　（主要蛋白原料为豆粕、棉籽粕）

原料名称	含量（%）	营养素名称	营养含量（%）
玉米	44.30	代谢能（kcal/kg）	11.51
小麦	18.00	粗蛋白（%）	20.9
豆粕	30.60	钙（%）	1.07
棉籽粕	3.00	可利用磷（%）	0.39
磷酸氢钙	1.74	赖氨酸（%）	1.00
石粉	1.10	蛋氨酸（%）	0.42
食盐	0.26	蛋＋胱氨酸（%）	0.85
预混料	1.00		

配方 74　（主要蛋白原料为豆粕、鱼粉）

原料名称	含量（%）	营养素名称	营养含量（%）
玉米	34.70	代谢能（kcal/kg）	2 890
小麦	30.00	粗蛋白（%）	20.84
豆粕	28.00	钙（%）	0.95
鱼粉	1.50	可利用磷（%）	0.44
豆油	2.00	赖氨酸（%）	1.04
磷酸氢钙	1.40	蛋氨酸（%）	0.48
石粉	1.10	蛋+胱氨酸（%）	0.89
食盐	0.30		
预混料	1.00		

配方 75　（主要蛋白原料为豆粕、玉米蛋白粉、鱼粉、黄豆粉、酵母粉）

原料名称	含量（%）	营养素名称	营养含量（%）
玉米	37.65	代谢能（kcal/kg）	2 998
小麦	25.00	粗蛋白（%）	21.00
豆粕	14.20	钙（%）	1.00
玉米蛋白粉	6.00	可利用磷（%）	0.44
鱼粉	4.00	赖氨酸（%）	1.21
黄豆粉	4.00	蛋氨酸（%）	0.49
酵母粉	3.00	蛋+胱氨酸（%）	0.93
磷酸氢钙	0.90		
石粉	1.50		
猪油	2.20		
预混料	2.00		
酶制剂	0.05		

配方 76　（主要蛋白原料为豆粕、玉米蛋白粉、棉籽粕、鱼粉）

原料名称	含量（%）	营养素名称	营养含量（%）
玉米	57.19	代谢能（kcal/kg）	2 915
小麦	5.00	粗蛋白（%）	20.10

原料名称	含量（%）	营养素名称	营养含量（%）
豆粕	25.00	钙（%）	1.01
玉米蛋白粉	2.00	可利用磷（%）	0.44
棉籽粕	3.20	赖氨酸（%）	1.15
进口鱼粉	2.00	蛋氨酸（%）	0.45
豆油	1.20	蛋+胱氨酸（%）	0.78
食盐	0.30		
磷酸氢钙	1.30		
石粉	1.45		
赖氨酸	0.20		
蛋氨酸	0.14		
预混料	1.00		
抗菌素	0.02		

配方 77　（主要蛋白原料为豆粕、玉米蛋白粉、棉籽粕、鱼粉）

原料名称	含量（%）	营养素名称	营养含量（%）
玉米	50.70	代谢能（kcal/kg）	2 915
小麦	12.00	粗蛋白（%）	20.3
豆粕	25.00	钙（%）	1.01
玉米蛋白粉	2.00	可利用磷（%）	0.44
棉籽粕	2.60	赖氨酸（%）	1.15
进口鱼粉	2.00	蛋氨酸（%）	0.45
豆油	1.30	蛋+胱氨酸（%）	0.79
食盐	0.30		
磷酸氢钙	1.30		
石粉	1.45		
赖氨酸	0.22		
蛋氨酸	0.14		
预混料	1.00		
抗菌素	0.02		

配方 78 （主要蛋白原料为豆粕、玉米蛋白粉、棉籽粕、鱼粉）

原料名称	含量（%）	营养素名称	营养含量（%）
玉米	48.34	代谢能（kcal/kg）	2 916
小麦	15.00	粗蛋白（%）	20.30
豆粕	25.00	钙（%）	1.02
玉米蛋白粉	2.00	可利用磷（%）	0.44
棉籽粕	2.00	赖氨酸（%）	1.15
进口鱼粉	2.00	蛋氨酸（%）	0.46
豆油	1.30	蛋+胱氨酸（%）	0.79
食盐	0.30		
磷酸氢钙	1.30		
石粉	1.40		
赖氨酸	0.22		
蛋氨酸	0.14		
预混料	1.00		

配方 79 （主要蛋白原料为豆粕、玉米蛋白粉、棉籽粕、鱼粉）

原料名称	含量（%）	营养素名称	营养含量（%）
玉米	45.74	代谢能（kcal/kg）	2 916
小麦	18.00	粗蛋白（%）	20.3
豆粕	25.00	钙（%）	1.02
玉米蛋白粉	2.00	可利用磷（%）	0.44
棉籽粕	1.60	赖氨酸（%）	1.15
进口鱼粉	2.00	蛋氨酸（%）	0.46
豆油	1.30	蛋+胱氨酸（%）	0.79
食盐	0.30		
磷酸氢钙	1.30		
石粉	1.40		
赖氨酸	0.22		
蛋氨酸	0.14		
预混料	1.00		

1.5　玉米杂粮型（配方80~82）

配方80　（主要蛋白原料为豆粕、花生粕、鱼粉）

原料名称	含量（%）	营养素名称	营养含量（%）
玉米	57.19	代谢能（kcal/kg）	3 095
花生粕	28.00	粗蛋白（%）	22.16
秘鲁鱼粉	8.00	钙（%）	1.13
动物油	4.00	可利用磷（%）	0.46
骨粉	2.00	蛋氨酸（%）	0.46
食盐	0.30	赖氨酸（%）	1.10
蛋氨酸	0.15	蛋+胱氨酸（%）	0.81
赖氨酸	0.20		
预混料	0.26		

配方81　（主要蛋白原料为花生粕、鱼粉、骨粉）

原料名称	含量（%）	营养素名称	营养含量（%）
玉米	56.20	代谢能（kcal/kg）	3 100
花生粕	29.00	粗蛋白（%）	22.00
秘鲁鱼粉	8.00	钙（%）	1.00
骨粉	2.00	盐（%）	0.37
动物油	3.00	总磷（%）	0.90
食盐	0.30	可利用磷（%）	0.47
赖氨酸	0.20	蛋氨酸（%）	0.46
DL-蛋氨酸	0.15	赖氨酸（%）	1.10
1%预混料	1.00	蛋+胱氨酸（%）	0.82
微量元素添加剂	0.15		

配方82　（主要蛋白原料为葵仁粕、棉籽粕、豆粕、
菜籽粕、玉米蛋白粉）

原料名称	含量（%）	营养素名称	营养含量（%）
玉米	66.06	代谢能（kcal/kg）	2 900
葵仁粕	10.00	粗蛋白（%）	19.00
棉籽粕	8.00	钙（%）	0.80

原料名称	含量（%）	营养素名称	营养含量（%）
豆粕	4.90	可利用磷（%）	0.36
菜籽粕	3.00	赖氨酸（%）	1.07
玉米蛋白粉	3.00	蛋氨酸（%）	0.47
豆油	1.30	苏氨酸（%）	0.73
石粉	1.04	色氨酸（%）	0.18
磷酸氢钙	1.28		
赖氨酸	0.50		
DL-蛋氨酸	0.12		
苏氨酸	0.08		
食盐	0.28		
胆碱	0.09		
复合酶制剂	0.35		

1.6　小麦豆粕型（配方 83～97）

配方 83　（主要蛋白原料为豆粕）

原料名称	含量（%）	营养素名称	营养含量（%）
小麦	69.53	代谢能（kcal/kg）	2 900
豆粕	24.17	粗蛋白（%）	20.3
菜籽油	2.37	钙（%）	0.88
磷酸氢钙	1.71	可利用磷（%）	0.44
石粉	0.77	赖氨酸（%）	1.12
食盐	0.4	蛋氨酸（%）	0.50
蛋氨酸	0.15		
赖氨酸	0.33		
预混料	0.57		

配方 84　（主要蛋白原料为豆粕）

原料名称	含量（%）	营养素名称	营养含量（%）
小麦	55.80	代谢能（kcal/kg）	2 760
豆粕	38.00	粗蛋白（%）	22.06

续表

原料名称	含量（%）	营养素名称	营养含量（%）
豆油	2.00	钙（%）	0.91
磷酸氢钙	1.80	可利用磷（%）	0.44
石粉	1.10	赖氨酸（%）	1.19
食盐	0.30	蛋氨酸（%）	0.43
预混料	1.00	蛋＋胱氨酸（%）	0.87

配方85 （主要蛋白原料为豆粕、鱼粉、玉米蛋白粉）

原料名称	含量（%）	营养素名称	营养含量（%）
小麦	50.00	代谢能（kcal/kg）	2 825
玉米	16.59	粗蛋白（%）	21
豆粕	26.00	钙（%）	0.9
进口鱼粉	3.00	可利用磷（%）	0.42
玉米蛋白粉	0.40	赖氨酸（%）	1.09
混合油	0.50	蛋氨酸（%）	0.49
磷酸氢钙	0.75	蛋＋胱氨酸（%）	0.85
石粉	1.30		
食盐	0.19		
蛋氨酸	0.12		
赖氨酸	0.15		
预混料	1.00		

配方86 （主要蛋白原料为豆粕、鱼粉）

原料名称	含量（%）	营养素名称	营养含量（%）
小麦	34.22	代谢能（kcal/kg）	2 860
玉米	20.00	粗蛋白（%）	23.87
豆粕	33.45	钙（%）	1.02
鱼粉	4.01	可利用磷（%）	0.48
豆油	4.48	赖氨酸（%）	1.45
石粉	0.83	蛋氨酸（%）	0.53
磷酸氢钙	1.34	蛋＋胱氨酸（%）	1.09
小苏打	0.1		

续表

原料名称	含量（%）	营养素名称	营养含量（%）
食盐	0.26		
赖氨酸	0.30		
蛋氨酸	0.34		
50%氯化胆碱	0.09		
苏氨酸	0.03		
酶制剂	0.40		
预混料	0.15		

配方 87　（主要蛋白原料为豆粕、鱼粉）

原料名称	含量（%）	营养素名称	营养含量（%）
小麦	59.24	代谢能（kcal/kg）	3 000
豆粕	30.18	粗蛋白（%）	22.00
进口鱼粉	2.30	钙（%）	1.00
混合油	4.11	可利用磷（%）	0.45
磷酸氢钙	1.59	赖氨酸（%）	1.00
石粉	1.13	蛋氨酸（%）	0.50
食盐	0.30	蛋+胱氨酸（%）	0.85
蛋氨酸	0.16		
赖氨酸	0.15		
预混料	1.00		

配方 88　（主要蛋白原料为豆粕）

原料名称	含量（%）	营养素名称	营养含量（%）
小麦	60.00	代谢能（kcal/kg）	2 905
玉米	7.50	粗蛋白（%）	20.98
豆粕	26.00	钙（%）	0.91
豆油	3.00	可利用磷（%）	0.45
磷酸氢钙	1.50	赖氨酸（%）	1.20
石粉	0.50	蛋氨酸（%）	0.46
蛋氨酸	0.20	蛋+胱氨酸（%）	0.84
赖氨酸	0.35		
食盐	0.30		
预混料	1.00		

配方 89 　（主要蛋白原料为豆粕、棉籽粕、鱼粉）

原料名称	含量（%）	营养素名称	营养含量（%）
小麦	50.00	代谢能（kcal/kg）	2 904
玉米	14.25	粗蛋白（%）	21.05
豆粕	23.50	钙（%）	1.00
棉籽粕	2.95	可利用磷（%）	0.45
进口鱼粉	0.73	赖氨酸（%）	1.12
豆油	4.22	蛋氨酸（%）	0.5
磷酸氢钙	1.57	蛋+胱氨酸（%）	0.86
石粉	1.34		
食盐	0.30		
赖氨酸	0.24		
蛋氨酸	0.20		
预混料	1.00		

配方 90 　（主要蛋白原料为豆粕、菜籽粕）

原料名称	含量（%）	营养素名称	营养含量（%）
小麦	64.78	代谢能（kcal/kg）	2 960
豆粕	23.92	粗蛋白（%）	21.00
菜籽粕	4.00	钙（%）	1.00
植物油	3.26	可利用磷（%）	0.45
磷酸氢钙	1.89	赖氨酸（%）	1.10
石粉	0.96	蛋氨酸（%）	0.50
赖氨酸盐酸盐	0.33	蛋+胱氨酸（%）	0.88
蛋氨酸	0.16		
食盐	0.35		
50%氯化胆碱	0.10		
预混料	0.25		

配方 91 　（主要蛋白原料为豆粕）

原料名称	含量（%）	营养素名称	营养含量（%）
小麦	37.2	代谢能（kcal/kg）	2 798
玉米	18.6	粗蛋白（%）	24.33

续表

原料名称	含量（%）	营养素名称	营养含量（%）
豆粕	38.0	钙（%）	0.97
豆油	2.0	可利用磷（%）	0.454
磷酸氢钙	1.8	赖氨酸（%）	1.23
石粉	1.1	蛋氨酸（%）	0.47
食盐	0.3	蛋+胱氨酸（%）	0.88
预混料	1.0		

配方 92 （主要蛋白原料为豆粕、菜籽粕）

原料名称	含量（%）	营养素名称	营养含量（%）
小麦	65.02	代谢能（kcal/kg）	2 960
豆粕	23.85	粗蛋白（%）	21.00
菜籽粕	4.00	钙（%）	1.00
植物油	3.20	可利用磷（%）	0.43
磷酸氢钙	1.40	赖氨酸（%）	1.10
石粉	1.30	蛋氨酸（%）	0.50
赖氨酸盐酸盐	0.33	蛋+胱氨酸（%）	0.87
蛋氨酸	0.16		
食盐	0.35		
50%氯化胆碱	0.10		
木聚糖酶、植酸酶	0.05		
预混料	0.25		

配方 93 （主要蛋白原料为豆粕、鱼粉、骨粉）

原料名称	含量（%）	营养素名称	营养含量（%）
小麦	53.8	代谢能（kcal/kg）	2 930
玉米	14	粗蛋白（%）	21.90
豆粕	16	钙（%）	1.19
鱼粉	13	可利用磷（%）	0.93
骨粉	2	赖氨酸（%）	1.26
食盐	0.2	蛋氨酸（%）	0.38
预混料	1.00	蛋+胱氨酸（%）	0.77

配方94　（主要蛋白原料为豆粕）

原料名称	含量（%）	营养素名称	营养含量（%）
小麦	64.32	代谢能（kcal/kg）	3 000
豆粕	27.42	粗蛋白（%）	21.00
菜籽油	4.35	钙（%）	0.88
磷酸氢钙	1.72	可利用磷（%）	0.44
石粉	0.76	赖氨酸（%）	1.10
赖氨酸	0.30	蛋+胱氨酸（%）	0.89
蛋氨酸	0.17		
食盐	0.40		
维生素预混料	0.03		
微量元素预混料	0.30		
氯化胆碱	0.15		
盐霉素	0.06		
乙氧喹	0.03		

配方95　（主要蛋白原料为豆粕、鱼粉、骨粉）

原料名称	含量（%）	营养素名称	营养含量（%）
小麦	34.22	代谢能（kcal/kg）	2 860
玉米	20.00	粗蛋白（%）	23.87
豆粕	33.45	钙（%）	1.02
鱼粉	4.01	可利用磷（%）	0.48
豆油	4.48	赖氨酸（%）	1.45
石粉	0.83	蛋氨酸（%）	0.53
磷酸氢钙	1.34	蛋+胱氨酸（%）	1.09
小苏打	0.1		
食盐	0.26		
赖氨酸	0.30		
蛋氨酸	0.34		
50%氯化胆碱	0.09		
苏氨酸	0.03		
酶制剂	0.40		
预混料	0.15		

配方 96　（主要蛋白原料为豆粕）

原料名称	含量（%）	营养素名称	营养含量（%）
小麦	34.00	代谢能（kcal/kg）	3 060
玉米	28.07	粗蛋白（%）	21.00
豆粕	31.24	钙（%）	0.91
豆油	2.58	可利用磷（%）	0.52
磷酸氢钙	2.36	赖氨酸（%）	1.05
石粉	0.53	蛋氨酸（%）	0.48
食盐	0.35		
赖氨酸	0.12		
蛋氨酸	0.15		
酶制剂	0.20		
预混料	0.40		

配方 97　（主要蛋白原料为豆粕）

原料名称	含量（%）	营养素名称	营养含量（%）
小麦	66.56	代谢能（kcal/kg）	3 060
豆粕	25.89	粗蛋白（%）	21.00
豆油	3.40	钙（%）	0.91
磷酸氢钙	2.36	可利用磷（%）	0.52
石粉	0.43	赖氨酸（%）	1.05
食盐	0.35	蛋氨酸（%）	0.48
赖氨酸	0.26		
蛋氨酸	0.15		
酶制剂	0.20		
预混料	0.40		

1.7　杂原料配方（配方 98 ~ 99）

配方 98　（主要蛋白原料为全脂大豆、玉米蛋白粉、鱼粉、喷雾血粉、蚕蛹粉）

原料名称	含量（%）	营养素名称	营养含量（%）
玉米	50.20	代谢能（kcal/kg）	3 098
小麦	9.14	粗蛋白（%）	23.00
全脂大豆	20.22	钙（%）	1.00
玉米蛋白粉	4.57	可利用磷（%）	0.50
鱼粉	5.05	赖氨酸（%）	1.10
喷雾血粉	3.03	蛋 + 胱氨酸（%）	0.79
蚕蛹粉	4.04		
磷酸氢钙	2.63		
石粉	0.32		
食盐	0.25		
蛋氨酸	0.20		
预混料	0.35		

配方 99　（能量原料为糙米、蛋白原料为豆粕）

原料名称	含量（%）	营养素名称	营养含量（%）
糙米	53.02	代谢能（kcal/kg）	2 988
豆粕	40.90	粗蛋白（%）	21.50
豆油	2.40	钙（%）	0.90
DL-蛋氨酸	0.25	可利用磷（%）	0.48
磷酸氢钙	2.0	赖氨酸（%）	1.21
石粉	0.80	蛋 + 胱氨酸（%）	0.90
食盐	0.30		
氯化胆碱	0.10		
肉鸡多维多矿	0.23		

2 肉中鸡配合饲料配方

2.1 玉米豆粕型（配方 100 ~ 126）

配方 100 （主要蛋白原料为豆粕）

原料名称	含量（%）	营养素名称	营养含量（%）
玉米	59.34	代谢能（kcal/kg）	3 150
豆粕	32.80	粗蛋白（%）	20.10
豆油	4.37	钙（%）	0.83
磷酸氢钙	1.61	可利用磷（%）	0.41
石粉	0.83	赖氨酸（%）	1.08
食盐	0.35	蛋氨酸（%）	0.40
DL -蛋氨酸	0.24	蛋 + 胱氨酸（%）	0.78
赖氨酸	0.17		
苏氨酸	0.05		
氯化胆碱（60%）	0.07		
预混料	0.17		

配方 101 （主要蛋白原料为豆粕）

原料名称	含量（%）	营养素名称	营养含量（%）
玉米	64.96	代谢能（kcal/kg）	3 098
豆粕	31.40	粗蛋白（%）	19.00
磷酸氢钙	1.50	钙（%）	0.95
石粉	1.20	可利用磷（%）	0.47
食盐	0.38	赖氨酸（%）	1.00
DL -蛋氨酸	0.16	蛋氨酸（%）	0.40
L -赖氨酸	0.08	蛋 + 胱氨酸（%）	0.812
50% 氯化胆碱	0.10		
预混料	0.22		

配方 102　（主要蛋白原料为豆粕）

原料名称	含量（%）	营养素名称	营养含量（%）
玉米	61.59	代谢能（kcal/kg）	3 100
豆粕	31.01	粗蛋白（%）	19.00
菜籽油	4.08	钙（%）	0.76
磷酸氢钙	1.41	可利用磷（%）	0.38
石粉	0.86	赖氨酸（%）	1.00
赖氨酸	0.12	蛋氨酸	0.38
蛋氨酸	0.07		
食盐	0.30		
维生素预混料	0.03		
微量元素预混料	0.30		
氯化胆碱	0.15		
促生长剂	0.05		
抗氧化剂	0.03		

配方 103　（主要蛋白原料为豆粕）

原料名称	含量（%）	营养素名称	营养含量（%）
玉米	62.59	代谢能（kcal/kg）	3 000
豆粕	31.50	粗蛋白（%）	19.61
豆油	2.63	钙（%）	0.80
石粉	1.38	可利用磷（%）	0.33
磷酸氢钙	1.15	赖氨酸（%）	0.99
蛋氨酸	0.15	蛋氨酸（%）	0.36
食盐	0.30		
预混料	0.30		

配方 104　（主要蛋白原料为豆粕）

原料名称	含量（%）	营养素名称	营养含量（%）
玉米	64.94	代谢能（kcal/kg）	2 962
麦麸	4.00	粗蛋白（%）	19.03
豆粕	25.40	钙（%）	0.90
豆油	1.90	可利用磷（%）	0.40

续表

原料名称	含量（%）	营养素名称	营养含量（%）
石粉	1.30	赖氨酸（%）	1.00
磷酸氢钙	1.50	蛋氨酸（%）	0.40
蛋氨酸	0.20	蛋＋胱氨酸（%）	0.72
赖氨酸	0.13		
食盐	0.30		
氯化胆碱	0.10		
预混料	0.23		

配方105　（主要蛋白原料为豆粕）

原料名称	含量（%）	营养素名称	营养含量（%）
玉米	58.05	代谢能（kcal/kg）	3 100
豆粕	32.15	粗蛋白（%）	19.16
大豆油	5.32	钙（%）	0.90
磷酸氢钙	1.72	可利用磷（%）	0.41
石粉	1.10	赖氨酸（%）	1.00
食盐	0.35	蛋＋胱氨酸（%）	0.86
氯化胆碱	0.20		
DL-蛋氨酸	0.11		
预混料	1.00		

配方106　（主要蛋白原料为豆粕）

原料名称	含量（%）	营养素名称	营养含量（%）
玉米	65.51	代谢能（kcal/kg）	2 892
豆粕	29.23	粗蛋白（%）	18.10
豆油	1.57	钙（%）	0.90
磷酸氢钙	1.23	可利用磷（%）	0.40
石粉	1.42	赖氨酸（%）	0.90
食盐	0.35	蛋氨酸（%）	0.38
蛋氨酸	0.09		
预混料	0.60		

配方 107　（主要蛋白原料为豆粕）

原料名称	含量（%）	营养素名称	营养含量（%）
玉米	63.21	代谢能（kcal/kg）	3 110
豆粕	31.33	粗蛋白（%）	19.00
豆油	1.62	钙（%）	0.90
磷酸氢钙	1.94	可利用磷（%）	0.45
石粉	0.92	赖氨酸（%）	1.00
食盐	0.35	蛋氨酸（%）	0.45
赖氨酸	0.08		
蛋氨酸	0.15		
预混料	0.40		

配方 108　（主要蛋白原料为豆粕）

原料名称	含量（%）	营养素名称	营养含量（%）
玉米	58.10	代谢能（kcal/kg）	3 078
豆粕	35.05	粗蛋白（%）	21.88
菜籽油	4.00	钙（%）	0.85
石粉	0.75	可利用磷（%）	0.35
磷酸氢钙	1.24	赖氨酸（%）	1.06
DL-蛋氨酸	0.13	蛋氨酸（%）	0.42
氯化胆碱	0.10	蛋+胱氨酸（%）	0.73
食盐	0.30		
预混料	0.33		

配方 109　（主要蛋白原料为豆粕）

原料名称	含量（%）	营养素名称	营养含量（%）
玉米	60.3	代谢能（kcal/kg）	2 950
豆粕	33.0	粗蛋白（%）	21.80
豆油	2.7	钙（%）	0.94
磷酸氢钙	1.6	可利用磷（%）	0.41
石粉	1.1	赖氨酸（%）	1.10
食盐	0.3	蛋氨酸（%）	0.37
预混料	1.0	蛋+胱氨酸（%）	0.79

配方 110 （主要蛋白原料为豆粕）

原料名称	含量（%）	营养素名称	营养含量（%）
玉米	63.0	代谢能（kcal/kg）	3 075
豆粕	29.8	粗蛋白（%）	18.99
豆油	4.0	钙（%）	0.78
磷酸氢钙	1.3	可利用磷（%）	0.40
石粉	0.5	赖氨酸（%）	0.99
食盐	0.3	蛋氨酸（%）	0.38
蛋氨酸	0.1	蛋+胱氨酸（%）	0.76
预混料	1.0		

配方 111 （主要蛋白原料为豆粕、膨化大豆、鱼粉）

原料名称	含量（%）	营养素名称	营养含量（%）
玉米	64.95	代谢能（kcal/kg）	3 000
豆粕	19.4	粗蛋白（%）	19
膨化大豆	6.00	钙	0.9
鱼粉	1.00	可利用磷（%）	0.38
玉米蛋白粉	3.50	赖氨酸（%）	1.0
氯化胆碱	0.10	蛋氨酸（%）	0.83
豆油	1.10		
磷酸氢钙	1.33		
石粉	1.30		
盐	0.22		
预混料	1.00		

配方 112 （主要蛋白原料为豆粕、鱼粉）

原料名称	含量（%）	营养素名称	营养含量（%）
玉米	64.87	代谢能（kcal/Kg）	2 950
豆粕	30.40	粗蛋白（%）	19.00
进口鱼粉	1.50	钙（%）	0.90
磷酸氢钙	1.65	磷（%）	0.64
石粉	1.10	赖氨酸（%）	0.94

原料名称	含量（%）	营养素名称	营养含量（%）
蛋氨酸	0.04	蛋氨酸（%）	0.36
复合多维	0.03		
微量元素	0.10		
食盐	0.31		

配方 113 （主要蛋白原料为豆粕、膨化大豆、玉米蛋白粉、DDGS、鱼粉）

原料名称	含量（%）	营养素名称	营养含量（%）
玉米	56.60	代谢能（kcal/kg）	3 025
豆粕	17.38	粗蛋白（%）	19
膨化大豆	6.00	钙（%）	0.9
麦麸	3.00	可利用磷（%）	0.4
次粉	3.00	赖氨酸（%）	1
玉米蛋白粉	3.50	蛋氨酸（%）	0.32
DDGS	3.00	蛋+胱氨酸（%）	0.67
鱼粉	1.00		
豆油	2.28		
磷酸氢钙	1.40		
石粉	1.30		
食盐	0.30		
赖氨酸	0.14		
氯化胆碱	0.10		
预混料	1.00		

配方 114 （主要蛋白原料为豆粕、玉米蛋白粉）

原料名称	含量（%）	营养素名称	营养含量（%）
玉米	63.00	代谢能（kcal/kg）	3 007
豆粕	22.00	粗蛋白（%）	19.09
次粉	4.70	钙（%）	0.94
玉米蛋白粉	4.00	可利用磷（%）	0.44

续表

原料名称	含量（%）	营养素名称	营养含量（%）
大豆油	1.80	赖氨酸（%）	1.05
赖氨酸	0.10	蛋氨酸（%）	0.44
蛋氨酸	0.15	蛋＋胱氨酸（%）	0.85
石粉	1.25		
磷酸氢钙	1.70		
食盐	0.30		
预混料	1.00		

配方115　（主要蛋白原料为豆粕、膨化大豆、
玉米蛋白粉、DDGS、鱼粉）

原料名称	含量（%）	营养素名称	营养含量（%）
玉米	57.00	代谢能（kcal/kg）	3 002
豆粕	17.08	粗蛋白（%）	19.00
膨化大豆	6.00	钙（%）	0.90
玉米蛋白粉	3.50	可利用磷（%）	0.45
麦麸	3.00	赖氨酸（%）	1.00
次粉	3.00	蛋氨酸（%）	0.33
DDGS	3.00	蛋＋胱氨酸（%）	0.68
鱼粉	1.00		
石粉	1.40		
磷酸氢钙	1.20		
食盐	0.22		
油	2.36		
氯化胆碱	0.10		
赖氨酸	0.14		
预混料	1.00		

配方 116 （主要蛋白原料为豆粕、膨化大豆、玉米蛋白粉、鱼粉）

原料名称	含量（%）	营养素名称	营养含量（%）
玉米	64.95	代谢能（kcal/kg）	3 000
豆粕	19.40	粗蛋白（%）	19.00
膨化大豆	6.00	钙（%）	0.90
玉米蛋白粉	3.50	可利用磷（%）	0.45
鱼粉	1.00	赖氨酸（%）	1.00
油	1.10	蛋氨酸（%）	0.32
石粉	1.30	蛋+胱氨酸（%）	0.66
磷酸氢钙	1.33		
食盐	0.22		
氯化胆碱	0.10		
赖氨酸	0.10		
预混料	1.00		

配方 117 （主要蛋白原料为豆粕、肉骨粉）

原料名称	含量（%）	营养素名称	营养含量（%）
玉米	62.06	代谢能（kcal/kg）	2 928
豆粕	25.3	粗蛋白（%）	19.50
次粉	4.50	钙（%）	1.00
肉骨粉	4.70	可利用磷（%）	0.45
牛羊油	1.10	赖氨酸（%）	1.03
石粉	0.60	蛋氨酸（%）	0.48
磷酸氢钙	0.30	蛋+胱氨酸（%）	0.77
赖氨酸	0.08		
蛋氨酸	0.04		
食盐	0.32		
预混料	1.00		

配方 118 （主要蛋白原料为豆粕、玉米蛋白粉）

原料名称	含量（%）	营养素名称	营养含量（%）
玉米	61.75	代谢能（kcal/kg）	3 000
豆粕	28.22	粗蛋白（%）	19.00
玉米蛋白粉	4.00	钙（%）	0.90
植物油	2.31	可利用磷（%）	0.38
磷酸氢钙	1.39	赖氨酸（%）	1.00
石粉	1.43	蛋氨酸（%）	0.4
食盐	0.3	蛋+胱氨酸（%）	0.72
DL-蛋氨酸	0.09	苏氨酸（%）	0.71
L-赖氨酸	0.17	色氨酸（%）	0.20
维生素预混料	0.02		
微量元素预混料	0.2		
50%氯化胆碱	0.1		
抗氧化剂	0.02		

配方 119 （主要蛋白原料为豆粕）

原料名称	含量（%）	营养素名称	营养含量（%）
玉米	59.12	代谢能（kcal/kg）	3 155
米糠	5.50	粗蛋白（%）	18.90
豆粕	27.40	钙（%）	0.80
豆油	4.00	可利用磷（%）	0.30
赖氨酸盐酸盐	0.01	赖氨酸（%）	1.00
DL-蛋氨酸	0.18	蛋氨酸（%）	0.51
碳酸氢钠	0.20	蛋+胱氨酸（%）	0.79
磷酸氢钙	1.15		
石粉	1.04		
食盐	0.20		
预混料	0.20		

配方 120　（主要蛋白原料为豆粕、玉米蛋白粉）

原料名称	含量（%）	营养素名称	营养含量（%）
玉米	62.64	代谢能（kcal/kg）	3 150
豆粕	26.45	粗蛋白（%）	20.00
玉米蛋白粉	5.98	钙（%）	0.95
大豆油	3.54	可利用磷（%）	0.471
石粉	0.49	赖氨酸（%）	1.21
食盐	0.36	蛋氨酸（%）	0.44
蛋氨酸	0.15	蛋+胱氨酸（%）	0.86
赖氨酸	0.12		
氯化胆碱	0.05		
预混料	0.22		

配方 121　（主要蛋白原料为豆粕、玉米蛋白粉）

原料名称	含量（%）	营养素名称	营养含量（%）
玉米	68.82	代谢能（kcal/kg）	3 000
豆粕	23.56	粗蛋白（%）	19.00
玉米蛋白粉	6.03	钙（%）	0.95
大豆油	0.34	可利用磷（%）	0.47
石粉	0.49	赖氨酸（%）	1.03
食盐	0.36	蛋氨酸（%）	0.40
蛋氨酸	0.06	蛋+胱氨酸（%）	0.76
赖氨酸	0.01		
氯化胆碱	0.06		
蛋白酶	0.05		
预混料	0.22		

配方 122　（主要蛋白原料为豆粕）

原料名称	含量（%）	营养素名称	营养含量（%）
玉米	63.06	代谢能（kcal/kg）	2 885
豆粕	32.10	粗蛋白（%）	20.0
油脂	1.00	钙（%）	0.85
骨粉	1.79	可利用磷（%）	0.45

续表

原料名称	含量（%）	营养素名称	营养含量（%）
磷酸氢钙	0.77	赖氨酸（%）	0.97
食盐	0.40	蛋氨酸（%）	0.43
蛋氨酸	0.18	蛋+胱氨酸（%）	0.75
预混料	0.70		

配方 123　（主要蛋白原料为豆粕、水解羽毛粉）

原料名称	含量（%）	营养素名称	营养含量（%）
玉米	67.45	代谢能（kcal/kg）	2 902
豆粕	24.09	粗蛋白（%）	20.0
水解羽毛粉	4.00	钙（%）	0.85
油脂	0.60	可利用磷（%）	0.45
骨粉	1.97	赖氨酸（%）	0.95
磷酸氢钙	0.56	蛋氨酸（%）	0.33
食盐	0.40	蛋+胱氨酸（%）	0.75
赖氨酸	0.17		
蛋氨酸	0.06		
预混料	0.70		

配方 124　（主要蛋白原料为豆粕、鱼粉、玉米蛋白粉、棉籽粕）

原料名称	含量（%）	营养素名称	营养含量（%）
玉米	59.00	代谢能（kcal/kg）	3 105
大豆粕	24.00	粗蛋白质（%）	20.05
次粉	3.00	钙（%）	0.91
国产鱼粉	1.00	可利用磷（%）	0.44
玉米蛋白粉	4.00	赖氨酸（%）	1.10
棉籽粕	2.00	蛋氨酸（%）	0.42
大豆油	3.00	蛋+胱氨酸（%）	0.73
石粉	1.10		
磷酸氢钙	1.60		
赖氨酸	0.19		
蛋氨酸	0.11		
1%预混料	1.00		

配方 125　（主要蛋白原料为豆粕、玉米胚芽饼、DDGS、水解羽毛粉、味精蛋白）

原料名称	含量（%）	营养素名称	营养含量（%）
玉米	60.00	代谢能（kcal/kg）	3 110
豆粕	18.50	粗蛋白（%）	19.00
玉米胚芽饼	5.00	钙（%）	0.82
DDGS	5.00	可利用磷（%）	0.38
油脂	3.00	赖氨酸（%）	0.92
水解羽毛粉	2.50	蛋氨酸（%）	0.35
味精蛋白	2.50	苏氨酸（%）	0.68
磷酸氢钙	0.65	色氨酸（%）	0.17
石粉	1.30		
蛋氨酸	0.2		
赖氨酸	0.5		
碳酸氢钠	0.17		
食盐	0.18		
预混料	0.5		

配方 126　（主要蛋白原料为豆粕、棉籽粕、DDGS、肉骨粉、味精蛋白、水解羽毛粉）

原料名称	含量（%）	营养素名称	营养含量（%）
玉米	64.90	代谢能（kcal/kg）	2 850
豆粕	21.00	粗蛋白（%）	18.3
棉籽粕	1.50	钙（%）	1.46
DDGS	2.70	可利用磷（%）	0.45
肉骨粉	2.30	赖氨酸（%）	1.09
味精蛋白	1.10	蛋氨酸（%）	0.40
水解羽毛粉	0.50	苏氨酸（%）	0.77
大豆磷脂	2.45	盐分（%）	0.34
磷酸氢钙	0.40		
石粉	1.50		
食盐	0.25		

续表

原料名称	含量（%）	营养素名称	营养含量（%）
氯化胆碱	0.07		
赖氨酸	0.42		
蛋氨酸	0.15		
苏氨酸	0.12		
预混料	0.55		

2.2 玉米—豆粕—鱼粉型（配方 127～144）

配方 127 （主要蛋白原料为豆粕、鱼粉）

原料名称	含量（%）	营养素名称	营养含量（%）
玉米	63.22	代谢能（kcal/kg）	3 130
豆粕	22	粗蛋白（%）	19.70
鱼粉	7.5	钙（%）	0.95
豆油	4	可利用磷（%）	0.42
石粉	1.2	赖氨酸（%）	0.97
磷酸氢钙	0.6	蛋氨酸（%）	0.41
DL－蛋氨酸	0.15	蛋＋胱氨酸（%）	0.80
L－赖氨酸	0.03		
食盐	0.3		
添加剂预混料	1.0		

配方 128 （主要蛋白原料为豆粕、鱼粉）

原料名称	含量（%）	营养素名称	营养含量（%）
玉米	59.76	代谢能（kcal/kg）	3 200
豆粕	27.50	粗蛋白（%）	20
进口鱼粉	5.00	钙（%）	0.9
植物油	5.00	可利用磷（%）	0.45
磷酸氢钙	1.40	赖氨酸（%）	1.00
石粉	0.80	蛋氨酸（%）	0.38
蛋氨酸	0.10	蛋＋胱氨酸（%）	0.72
食盐	0.24		
预混料	0.20		

配方 129　（主要蛋白原料为豆粕、鱼粉）

原料名称	含量（%）	营养素名称	营养含量（%）
玉米	59.00	代谢能（kcal/kg）	2 898
豆粕	29.00	粗蛋白（%）	20.3
鱼粉	3.60	钙（%）	1.01
麸皮	3.00	可利用磷（%）	0.51
豆油	2.00	赖氨酸（%）	1.08
石粉	0.60	蛋氨酸（%）	0.48
磷酸氢钙	1.40	蛋+胱氨酸（%）	0.82
食盐	0.30		
蛋氨酸	0.10		
预混料	1.00		

配方 130　（主要蛋白原料为豆粕、鱼粉）

原料名称	含量（%）	营养素名称	营养含量（%）
玉米	59.80	代谢能（kcal/kg）	3 000
豆粕	31.86	粗蛋白（%）	20.00
鱼粉	3.00	钙（%）	0.90
棕榈油	2.44	总磷（%）	0.66
石粉	1.30	可利用磷（%）	0.35
磷酸氢钙	1.15	盐（%）	0.39
60%氯化胆碱	0.20	蛋氨酸（%）	0.38
食盐	0.10	赖氨酸（%）	1.00
DL-蛋氨酸	0.04	蛋+胱氨酸（%）	0.73
1%预混料	0.1		
抗氧化剂	0.01		

配方 131　（主要蛋白原料为豆粕、鱼粉）

原料名称	含量（%）	营养素名称	营养含量（%）
玉米	61.25	代谢能（kcal/kg）	2 997
豆粕	25.80	粗蛋白（%）	19.50

续表

原料名称	含量（%）	营养素名称	营养含量（%）
次粉	4.50	钙（%）	1.00
鱼粉	3.50	可利用磷（%）	0.45
牛羊油	1.55	赖氨酸（%）	1.03
石粉	1.10	蛋氨酸（%）	0.48
磷酸氢钙	1.00	蛋＋胱氨酸（%）	0.76
食盐	0.30		
预混料	1.00		

配方 132　（主要蛋白原料为豆粕、鱼粉）

原料名称	含量（%）	营养素名称	营养含量（%）
玉米	59.60	代谢能（kcal/kg）	3 012
大豆粕	28.10	粗蛋白质（%）	21.0
鱼粉	6.00	钙（%）	0.94
大豆油	2.10	可利用磷（%）	0.42
石粉	1.40	赖氨酸（%）	1.12
磷酸氢钙	1.30	蛋氨酸（%）	0.44
赖氨酸	0.08		
蛋氨酸	0.12		
食盐	0.30		
1% 预混料	1.00		

配方 133　（主要蛋白原料为豆粕、鱼粉）

原料名称	含量（%）	营养素名称	营养含量（%）
玉米	58.00	代谢能（kcal/kg）	2 898
豆粕	28.00	粗蛋白（%）	20.05
麦麸	5.00	钙（%）	0.93
鱼粉	3.50	可利用磷（%）	0.46
大豆油	2.20	赖氨酸（%）	1.16
磷酸氢钙	1.00	蛋氨酸（%）	0.42
石粉	1.30	蛋＋胱氨酸（%）	0.67
食盐	0.30		
蛋氨酸	0.20		
预混料	0.50		

配方 134　（主要蛋白原料为豆粕、鱼粉）

原料名称	含量（%）	营养素名称	营养含量（%）
玉米	64.00	代谢能（kcal/kg）	2 990
豆粕	28.50	粗蛋白（%）	19.10
鱼粉	1.50	钙（%）	0.85
豆油	2.50	可利用磷（%）	0.34
磷酸氢钙	0.90	赖氨酸（%）	0.95
石粉	1.30	蛋氨酸（%）	0.39
食盐	0.30	蛋＋胱氨酸（%）	0.71
预混料	1.00		

配方 135　（主要蛋白原料为豆粕、鱼粉）

原料名称	含量（%）	营养素名称	营养含量（%）
玉米	64.03	代谢能（kcal/kg）	3 011
豆粕	25.00	粗蛋白（%）	19.59
麸皮	4.40	钙（%）	0.90
鱼粉	4.20	可利用磷（%）	0.40
骨粉	1.40	赖氨酸（%）	0.94
贝壳粉	0.30	蛋氨酸（%）	0.36
食盐	0.35	蛋＋胱氨酸（%）	0.73
蛋氨酸	0.17		
赖氨酸	0.15		

配方 136　（主要蛋白原料为豆粕、膨化大豆、鱼粉）

原料名称	含量（%）	营养素名称	营养含量（%）
玉米	69.40	代谢能（kcal/kg）	3 000
豆粕	15.97	粗蛋白质（%）	18.00
膨化大豆	9.99	钙（%）	1.00
鱼粉	2.00	可利用磷（%）	0.45
赖氨酸盐酸盐	0.10	可消化赖氨酸（%）	0.90
蛋氨酸	0.10	可消化蛋氨酸（%）	0.42
磷酸氢钙	0.76		

续表

原料名称	含量（%）	营养素名称	营养含量（%）
石粉	0.71		
食盐	0.30		
氯化胆碱	0.10		
预混料	0.57		

配方 137　（主要蛋白原料为豆粕、鱼粉、芝麻饼）

原料名称	含量（%）	营养素名称	营养含量（%）
玉米	64.00	代谢能（kcal/kg）	3 056
豆粕	21.00	粗蛋白（%）	19.64
鱼粉	6.00	钙（%）	0.88
碎米	5.00	可利用磷（%）	0.43
骨粉	1.50	赖氨酸（%）	0.92
芝麻饼	1.50	蛋氨酸（%）	0.39
食盐	0.30		
蛋氨酸	0.10		
赖氨酸	0.05		
预混料	0.55		

配方 138　（主要蛋白原料为豆粕、鱼粉、棉饼）

原料名称	含量（%）	营养素名称	营养含量（%）
玉米	68.50	代谢能（kcal/kg）	3 000
豆粕	16.50	粗蛋白（%）	19.10
鱼粉	6.70	钙（%）	1.13
棉饼	5.00	可利用磷（%）	0.55
骨粉	2.00	蛋氨酸（%）	0.34
食盐	0.3	赖氨酸（%）	0.64
预混料	1	蛋+胱氨酸（%）	0.62

配方 139 （主要蛋白原料为豆粕、鱼粉、棉籽粕）

原料名称	含量（%）	营养素名称	营养含量（%）
玉米	63.06	代谢能（kcal/kg）	2 851
麦麸	2.50	粗蛋白（%）	19.47
豆粕	23.02	钙（%）	0.95
进口鱼粉	4.00	可利用磷（%）	0.42
棉籽粕	3.00	赖氨酸（%）	1.18
豆油	0.91	蛋氨酸（%）	0.46
磷酸氢钙	1.29		
石粉	0.94		
食盐	0.37		
赖氨酸	0.28		
蛋氨酸	0.13		
预混料	0.50		

配方 140 （主要蛋白原料为豆粕、鱼粉）

原料名称	含量（%）	营养素名称	营养含量（%）
玉米	64.23	代谢能（kcal/kg）	3 011
豆粕	25.00	粗蛋白（%）	19.44
麸皮	1.20	钙（%）	0.90
鱼粉	4.20	可利用磷（%）	0.40
葡萄渣	3.00	赖氨酸（%）	0.94
骨粉	1.50	蛋氨酸（%）	0.36
贝壳粉	0.20	蛋+胱氨酸（%）	0.73
食盐	0.35		
蛋氨酸	0.17		
赖氨酸	0.15		

配方 141 （主要蛋白原料为豆粕、鱼粉、玉米蛋白粉）

原料名称	含量（%）	营养素名称	营养含量（%）
玉米	56.20	代谢能（kcal/kg）	3 098
豆粕	26.00	粗蛋白（%）	19.88

续表

原料名称	含量（%）	营养素名称	营养含量（%）
鱼粉	4.00	钙（%）	0.90
玉米蛋白粉	2.00	可利用磷（%）	0.40
豆油	4.00	赖氨酸（%）	1.10
磷酸氢钙	1.40	蛋氨酸（%）	0.40
石粉	1.10	蛋+胱氨酸（%）	0.76
食盐	0.30		
复合预混料	5.00		

配方 142 （主要蛋白原料为豆粕、鱼粉）

原料名称	含量（%）	营养素名称	营养含量（%）
玉米	59.08	代谢能（kcal/kg）	2 920
豆粕	24.50	粗蛋白（%）	18.52
桑叶粉	6.00	钙（%）	1.02
植物油	3.20	可利用磷（%）	0.46
进口鱼粉	3.50	赖氨酸（%）	1.01
磷酸氢钙	1.30	蛋氨酸（%）	0.42
石粉	1.00		
食盐	0.30		
蛋氨酸	0.12		
预混料	1.00		

配方 143 （主要蛋白原料为豆粕、鱼粉）

原料名称	含量（%）	营养素名称	营养含量（%）
玉米	59.58	代谢能（kcal/kg）	2 920
豆粕	27.50	粗蛋白（%）	18.52
桑叶粉	4.00	钙（%）	1.02
植物油	2.90	可利用磷（%）	0.43
进口鱼粉	2.00	赖氨酸（%）	1.00
磷酸氢钙	1.40	蛋氨酸（%）	0.42
石粉	1.20		
食盐	0.30		
蛋氨酸	0.12		
预混料	1.00		

配方 144 （主要蛋白原料为豆粕、玉米蛋白粉、鱼粉、
黄豆粉、酵母粉）

原料名称	含量（%）	营养素名称	营养含量（%）
玉米	62.5	代谢能（kcal/kg）	3 150
豆粕	13.3	粗蛋白（%）	19.00
玉米蛋白粉	6.0	钙（%）	0.9
鱼粉	4.0	可利用磷（%）	0.37
黄豆粉	3.0	赖氨酸（%）	1.06
酵母粉	3.0	蛋氨酸（%）	0.40
磷酸氢钙	0.8	蛋+胱氨酸（%）	0.87
石粉	1.5		
猪油	4.0		
预混料	2.0		

2.3 玉米—豆粕—杂粕型（配方 145~181）

配方 145 （主要蛋白原料为豆粕、DDGS、棉籽粕、菜籽粕）

原料名称	含量（%）	营养素名称	营养含量（%）
玉米	56.89	代谢能（kcal/kg）	2 990
豆粕	22.73	粗蛋白（%）	18.97
DDGS	8.00	钙（%）	0.80
棉籽粕	3.00	可利用磷（%）	0.39
菜籽粕	3.00	赖氨酸（%）	0.96
混合油	3.20	蛋氨酸（%）	0.39
磷酸氢钙	1.35	蛋+胱氨酸（%）	0.72
石粉	0.8		
赖氨酸	0.10		
DL-蛋氨酸	0.10		
食盐	0.35		
预混料	0.33		

配方 146　（主要蛋白原料为豆粕、DDGS、菜籽粕）

原料名称	含量（%）	营养素名称	营养含量（%）
玉米	39.06	代谢能（kcal/kg）	3 196
小麦麸	3.00	粗蛋白（%）	19.96
米糠	7.00	钙（%）	0.90
豆粕	15.00	可利用磷（%）	0.42
DDGS	20.00	赖氨酸（%）	0.80
菜籽粕	7.00	蛋氨酸（%）	0.38
豆油	5.00		
磷酸氢钙	1.60		
石粉	1.04		
食盐	0.30		
预混料	1.00		

配方 147　（主要蛋白原料为豆粕、棉籽蛋白）

原料名称	含量（%）	营养素名称	营养含量（%）
玉米	60.61	代谢能（kcal/kg）	2 892
豆粕	14.50	粗蛋白（%）	18.10
棉籽蛋白	17.53	钙（%）	0.90
豆油	3.48	可利用磷（%）	0.40
磷酸氢钙	1.08	赖氨酸（%）	0.90
石粉	1.54	蛋氨酸（%）	0.38
食盐	0.35		
赖氨酸	0.22		
蛋氨酸	0.08		
苏氨酸	0.01		
酶制剂	0.10		
预混料	0.50		

配方148　（主要蛋白原料为豆粕、棉籽粕、玉米蛋白粉）

原料名称	含量（%）	营养素名称	营养含量（%）
玉米	68.82	代谢能（kcal/kg）	2 995
豆粕	20.24	粗蛋白（%）	18.50
棉籽粕	2.00	钙（%）	0.84
玉米蛋白粉	3.00	可利用磷（%）	0.35
磷酸氢钙	1.06	赖氨酸（%）	0.90
石粉	0.95	蛋氨酸（%）	0.42
食盐	0.29		
赖氨酸盐酸盐	0.44		
DL-蛋氨酸	0.15		
L-苏氨酸	0.17		
酶制剂	0.04		
禽油	2.24		
氯化胆碱	0.10		
预混料	0.50		

配方149　（主要蛋白原料为豆粕、棉籽粕、菜籽粕、葵粕）

原料名称	含量（%）	营养素名称	营养含量（%）
玉米	60.00	代谢能（kcal/kg）	3 080
豆粕	16.00	粗蛋白（%）	16.8
麸皮	5.00	钙（%）	0.90
次粉	3.00	可利用磷（%）	0.42
棉籽粕	6.00	赖氨酸（%）	0.88
菜籽粕	4.00	蛋+胱氨酸（%）	0.66
葵粕	3.00	苏氨酸（%）	0.72
石粉	1.00	色氨酸（%）	0.16
磷酸氢钙	1.20		
食盐	0.30		
预混料	1.00		

配方 150 （主要蛋白原料为豆粕、去皮豆粕、玉米蛋白粉、棉籽粕）

原料名称	含量（%）	营养素名称	营养含量（%）
玉米	65.00	代谢能（kcal/kg）	3 000
豆粕	10.00	粗蛋白（%）	18.70
去皮豆粕	13.00	钙（%）	0.90
玉米蛋白粉	3.00	可利用磷（%）	0.35
棉籽粕	2.50	赖氨酸（%）	0.93
豆油	1.55	蛋氨酸（%）	0.35
沸石粉	0.95	蛋＋胱氨酸（%）	0.70
预混料	4.00		

配方 151 （主要蛋白原料为豆粕、发酵菜籽粕）

原料名称	含量（%）	营养素名称	营养含量（%）
玉米	55.00	代谢能（kcal/kg）	2 988
豆粕	28.91	粗蛋白（%）	21.33
发酵菜籽粕	9.41	钙（%）	0.86
菜籽油	3.15	可利用磷（%）	0.45
石粉	0.82	赖氨酸（%）	1.15
磷酸氢钙	1.61	蛋氨酸（%）	0.51
L-赖氨酸盐酸盐	0.12	蛋＋胱氨酸（%）	0.92
DL-蛋氨酸	0.25		
氯化胆碱	0.10		
食盐	0.30		
预混料	0.33		

配方 152 （主要蛋白原料为豆粕、鱼粉、菜籽粕、棉籽粕）

原料名称	含量（%）	营养素名称	营养含量（%）
玉米	62.95	代谢能（kcal/kg）	3 008
豆粕	14.00	粗蛋白（%）	19.04
鱼粉	2.00	钙（%）	0.92
菜籽粕	8.00	可利用磷（%）	0.41
棉籽粕	8.00	赖氨酸（%）	1.02

续表

原料名称	含量（%）	营养素名称	营养含量（%）
豆油	1.30	蛋氨酸（%）	0.40
食盐	0.28		
磷酸氢钙	1.30		
石粉	1.10		
蛋氨酸	0.09		
赖氨酸	0.21		
预混料	0.77		

配方 153　（主要蛋白原料为豆粕、花生粕）

原料名称	含量（%）	营养素名称	营养含量（%）
玉米	56.76	代谢能（kcal/kg）	3 050
豆粕	25.87	粗蛋白（%）	20.70
花生粕	9.8	钙（%）	0.85
大豆油	3.9	可利用磷（%）	0.43
赖氨酸	0.2	赖氨酸（%）	1.07
蛋氨酸	0.20	蛋+胱氨酸（%）	0.83
石粉	0.85		
磷酸氢钙	1.8		
食盐	0.3		
胆碱	0.1		
预混料	0.22		

配方 154　（主要蛋白原料为豆粕、花生粕、鱼粉）

原料名称	含量（%）	营养素名称	营养含量（%）
玉米	60.80	代谢能（kcal/kg）	3 100
豆粕	13.00	粗蛋白（%）	20.00
花生粕	13.0	钙（%）	0.95
秘鲁鱼粉	6.00	盐（%）	0.35
骨粉	2.00	总磷（%）	0.67
动物油	3.50	可利用磷（%）	0.38

续表

原料名称	含量（%）	营养素名称	营养含量（%）
食盐	0.30	蛋氨酸（%）	0.43
赖氨酸	0.10	赖氨酸（%）	0.99
DL-蛋氨酸	0.15	蛋+胱氨酸（%）	0.79
1%预混料	1		
微量元素添加剂	0.15		

配方 155 （主要蛋白原料为豆粕、棉籽粕、葵花籽饼、菜籽粕、鱼粉）

原料名称	含量（%）	营养素名称	营养含量（%）
玉米	64.00	代谢能（kcal/kg）	2 798
豆粕	20.00	粗蛋白（%）	18.50
棉籽粕	5.00	钙（%）	0.98
葵花籽饼	4.40	可利用磷（%）	0.42
菜籽粕	2.00	蛋氨酸（%）	0.42
秘鲁鱼粉	1.00	赖氨酸（%）	0.98
石粉	0.50	蛋+胱氨酸（%）	0.83
磷酸氢钙	1.40		
赖氨酸	0.15		
DL-蛋氨酸	0.12		
食盐	0.30		
氯化胆碱	0.10		
维生素预混料	0.03		
矿物质添加剂	1.00		

配方 156 （主要蛋白原料为豆粕、棉籽粕、葵花籽饼、菜籽粕、鱼粉）

原料名称	含量（%）	营养素名称	营养含量（%）
玉米	62.78	代谢能（kcal/kg）	2 850
豆粕	20.00	粗蛋白（%）	18.66
棉籽粕	5.20	钙（%）	0.97
葵花籽饼	3.80	可利用磷（%）	0.40
菜籽粕	3.80	赖氨酸（%）	0.93

原料名称	含量（%）	营养素名称	营养含量（%）
进口鱼粉	0.50	蛋+胱氨酸（%）	0.72
棉籽油	0.80		
磷酸氢钙	1.40		
石粉	0.77		
食盐	0.30		
赖氨酸	0.13		
蛋氨酸	0.12		
预混料	0.30		
甘露聚糖酶	0.10		

配方 157 （主要蛋白原料为豆粕、鱼粉、棕榈仁粕）

原料名称	含量（%）	营养素名称	营养含量（%）
玉米	35.25	代谢能（kcal/kg）	3 000
豆粕	29.62	粗蛋白（%）	20.00
鱼粉	3.00	钙（%）	0.91
棕榈仁粕	20	总磷（%）	0.65
棕榈油	9.11	可利用磷（%）	0.35
石粉	1.18	盐（%）	0.39
磷酸氢钙	1.15	蛋氨酸（%）	0.38
60%氯化胆碱	0.20	赖氨酸（%）	0.98
食盐	0.12	蛋氨酸+胱氨酸（%）	0.73
DL-蛋氨酸	0.05		
1%预混料	0.1		
抗氧化剂	0.02		
复合酶	0.20		

配方 158 （主要蛋白原料为豆粕、菜籽粕）

原料名称	含量（%）	营养素名称	营养含量（%）
玉米	55.90	代谢能（kcal/kg）	3 078
豆粕	26.42	粗蛋白（%）	19.84
菜籽粕	9.74	钙（%）	0.86
菜籽油	4.51	可利用磷（%）	0.35
石粉	0.93	赖氨酸（%）	1.08

原料名称	含量（%）	营养素名称	营养含量（%）
磷酸氢钙	1.43	蛋氨酸（%）	0.46
L-赖氨酸盐酸盐	0.12	蛋+胱氨酸（%）	0.86
DL-蛋氨酸	0.22		
氯化胆碱	0.10		
食盐	0.30		
预混料	0.33		

配方 159 （主要蛋白原料为豆粕、发酵菜籽粕）

原料名称	含量（%）	营养素名称	营养含量（%）
玉米	57.37	代谢能（kcal/kg）	3 095
豆粕	26.50	粗蛋白（%）	20.00
发酵菜籽粕	8.41	钙（%）	0.86
菜籽油	4.39	可利用磷（%）	0.36
石粉	0.71	赖氨酸（%）	1.01
磷酸氢钙	1.50	蛋氨酸（%）	0.41
L-赖氨酸盐酸盐	0.20	蛋+胱氨酸（%）	0.65
DL-蛋氨酸	0.19		
氯化胆碱	0.10		
食盐	0.30		
预混料	0.33		

配方 160 （主要蛋白原料为豆粕、棉籽粕、菜籽粕）

原料名称	含量（%）	营养素名称	营养含量（%）
玉米	61.4	代谢能	2 919
豆粕	10.4	粗蛋白（%）	19
棉籽粕	9	钙（%）	0.88
菜籽粕	3.5	可利用磷（%）	0.36
玉米蛋白粉	3.5	赖氨酸（%）	1.11
发酵棉籽粕	6	蛋+胱氨酸（%）	1.29
豆油	1.6		
磷酸氢钙	1.28		
石粉	1.32		
预混料	2		

配方 161　（主要蛋白原料为豆粕、鱼粉、葵花粕）

原料名称	含量（%）	营养素名称	营养含量（%）
玉米	63.71	代谢能（kcal/kg）	3 008
豆粕	26.1	粗蛋白（%）	19.04
鱼粉	2.00	钙（%）	0.92
葵花粕	4.00	可利用磷（%）	0.41
豆油	0.50	赖氨酸（%）	1.02
食盐	0.28	蛋氨酸（%）	0.40
磷酸氢钙	1.30		
石粉	1.20		
蛋氨酸	0.08		
赖氨酸	0.06		
预混料	0.77		

配方 162　（主要蛋白原料为豆粕、棉籽粕、花生粕、玉米蛋白粉、DDGS）

原料名称	含量（%）	营养素名称	营养含量（%）
玉米	58.48	代谢能（kcal/kg）	3 032
豆粕	15.00	粗蛋白（%）	18.95
次粉	4.00	钙（%）	0.94
棉籽粕	4.00	可利用磷（%）	0.41
花生粕	4.00	赖氨酸（%）	0.98
猪油	2.38	蛋氨酸（%）	0.37
玉米蛋白粉	4.00	蛋+胱氨酸（%）	0.65
DDGS	4.00		
磷酸氢钙	1.57		
石粉	1.38		
食盐	0.30		
氯化胆碱	0.06		
赖氨酸	0.24		
蛋氨酸	0.08		
植酸酶	0.01		
预混料	0.50		

配方 163 （主要蛋白原料为豆粕、DDGS、棉籽粕、玉米蛋白粉）

原料名称	含量（%）	营养素名称	营养含量（%）
玉米	59.93	代谢能（kcal/kg）	3 185
去皮豆粕	16.45	粗蛋白（%）	18.49
DDGS	5.00	钙（%）	0.60
棉籽粕	4.00	可利用磷（%）	0.58
玉米蛋白粉	3.22	赖氨酸（%）	0.92
玉米油	4.60	蛋氨酸（%）	0.36
磷酸氢钙	1.04	蛋＋胱氨酸（%）	0.72
石粉	0.67		
食盐	0.30		
预混料	4.79		

配方 164 （主要蛋白原料为豆粕、棉籽粕、菜籽粕）

原料名称	含量（%）	营养素名称	营养含量（%）
玉米	62.1	代谢能（kcal/kg）	3 010
豆粕	11.1	粗蛋白（%）	18.95
棉籽粕	8.73	钙（%）	1.00
菜籽粕	4.30	可利用磷（%）	0.40
膨化大豆	9.90	赖氨酸（%）	0.76
食盐	0.30	蛋氨酸（%）	0.38
石粉	1.53	蛋＋胱氨酸（%）	0.66
磷酸氢钙	1.43		
植物油	0.20		
复合维生素	0.03		
复合微量元素	0.16		
赖氨酸	0.09		
蛋氨酸	0.13		

配方 165 （主要蛋白原料为豆粕、棉籽粕、鱼粉）

原料名称	含量（%）	营养素名称	营养含量（%）
玉米	39.00	代谢能（kcal/kg）	2 851
大麦	30.00	粗蛋白（%）	19.47
豆粕	19.53	钙（%）	0.95
棉籽粕	3.00	可利用磷（%）	0.42
进口鱼粉	4.00	赖氨酸（%）	1.18
豆油	1.00	蛋氨酸（%）	0.46
磷酸氢钙	0.89		
石粉	1.29		
食盐	0.35		
赖氨酸	0.30		
蛋氨酸	0.13		
酶制剂	0.10		
预混料	0.50		

配方 166 （主要蛋白原料为豆粕、花生粕、玉米蛋白粉）

原料名称	含量（%）	营养素名称	营养含量（%）
玉米	60.13	代谢能（kcal/kg）	3 021
小麦	10.00	粗蛋白（%）	19
豆粕	15.00	钙（%）	0.85
花生粕	6.00	可利用磷（%）	0.42
玉米蛋白粉	4.00	赖氨酸（%）	1.02
玉米油	1.09	蛋氨酸（%）	0.47
磷酸氢钙	1.01	蛋＋胱氨酸（%）	0.74
石粉	1.29		
氯化胆碱	0.06		
食盐	0.31		
赖氨酸（65%）	0.52		
蛋氨酸	0.10		
苏氨酸	0.08		
植酸酶	0.01		
预混料	0.40		

配方 167　（主要蛋白原料为豆粕、棉籽粕、菜籽粕、玉米蛋白粉）

原料名称	含量（%）	营养素名称	营养含量（%）
玉米	59.00	代谢能（kcal/kg）	3 052
次粉	5.40	粗蛋白（%）	18.47
豆粕	18.00	钙（%）	0.87
菜籽粕	2.00	可利用磷（%）	0.38
玉米蛋白粉	4.20	赖氨酸（%）	1.02
棉籽粕	2.00	蛋氨酸（%）	0.38
鱼粉	1.50	蛋＋胱氨酸（%）	0.723
植物油	3.80		
磷酸氢钙	1.20		
石粉	1.25		
食盐	0.34		
赖氨酸	0.20		
蛋氨酸	0.07		
防霉剂	0.10		
预混料	1.00		

配方 168　（主要蛋白原料为豆粕、棉籽粕、玉米蛋白粉）

原料名称	含量（%）	营养素名称	营养含量（%）
玉米	62.15	代谢能（kcal/kg）	2 950
豆粕	28.00	粗蛋白（%）	19.5
棉籽粕	5.00	钙（%）	0.95
玉米蛋白粉	1.00	可利用磷（%）	0.38
磷酸氢钙	1.60	赖氨酸（%）	1.00
石粉	1.00	蛋氨酸（%）	0.40
食盐	0.25	蛋＋胱氨酸（%）	0.77
预混料	1.00		

配方 169 （主要蛋白原料为豆粕、棉籽粕、DDGS、玉米蛋白粉）

原料名称	含量（%）	营养素名称	营养含量（%）
玉米	57.74	代谢能（kcal/kg）	3 100
豆粕	9.98	粗蛋白（%）	18.52
棉籽粕	10.00	钙（%）	0.90
DDGS	5.00	可利用磷（%）	0.40
玉米蛋白粉	8.00	赖氨酸（%）	1.00
大豆油	5.10	蛋氨酸（%）	0.44
磷酸氢钙	1.45	蛋+胱氨酸（%）	0.75
石粉	1.40		
食盐	0.35		
50%氯化胆碱	0.16		
多维多矿	0.22		
乙氧喹	0.02		
赖氨酸盐酸盐	0.41		
蛋氨酸	0.13		
苏氨酸	0.04		

配方 170 （主要蛋白原料为豆粕、棉籽粕、DDGS、玉米蛋白粉）

原料名称	含量（%）	营养素名称	营养含量（%）
玉米	60.62	代谢能（kcal/kg）	3 030
豆粕	11.30	粗蛋白（%）	17.26
棉籽粕	10.00	钙（%）	0.75
DDGS	5.00	可利用磷（%）	0.30
玉米蛋白粉	4.40	赖氨酸（%）	0.86
大豆油	4.10	蛋氨酸（%）	0.43
磷酸氢钙	1.83	蛋+胱氨酸（%）	0.68
石粉	1.40		
食盐	0.35		
50%氯化胆碱	0.16		
多维多矿	0.22		

续表

原料名称	含量（%）	营养素名称	营养含量（%）
乙氧喹	0.02		
赖氨酸盐酸盐	0.40		
蛋氨酸	0.16		
苏氨酸	0.04		

配方 171　（主要蛋白原料为豆粕、棉籽粕、鱼粉）

原料名称	含量（%）	营养素名称	营养含量（%）
玉米	52.00	代谢能（kcal/kg）	2 850
豆粕	25.50	粗蛋白（%）	20
次粉	6.00	钙（%）	1.01
米糠	5.00	可利用磷（%）	0.45
进口鱼粉	1.50	赖氨酸（%）	1.19
棉籽粕	4.23	蛋氨酸（%）	0.48
石粉	1.40	蛋+胱氨酸（%）	0.82
磷酸氢钙	1.35	总磷（%）	0.72
食盐	0.23		
油	1.50		
氯化胆碱	0.05		
蛋氨酸	0.16		
赖氨酸	0.08		
预混料	1.00		

配方 172　（主要蛋白原料为豆粕、棉籽粕、DDGS、玉米蛋白粉）

原料名称	含量（%）	营养素名称	营养含量（%）
玉米	61.00	代谢能（kcal/kg）	2 951
豆粕	18.00	粗蛋白（%）	19.07
次粉	4.30	钙（%）	0.94
玉米蛋白粉	3.00	可利用磷（%）	0.44
棉籽粕	4.50	赖氨酸（%）	1.05
DDGS	3.00	蛋氨酸（%）	0.44

原料名称	含量（%）	营养素名称	营养含量（%）
大豆油	1.70	蛋＋胱氨酸（%）	0.73
赖氨酸	0.10		
蛋氨酸	0.15		
石粉	1.25		
磷酸氢钙	1.70		
食盐	0.30		
预混料	1.00		

配方 173 （主要蛋白原料为豆粕、棉籽粕、鱼粉）

原料名称	含量（%）	营养素名称	营养含量（%）
玉米	48.00	代谢能（kcal/kg）	2 850
豆粕	25.00	粗蛋白/%	20.03
次粉	8.00	钙（%）	1.01
米糠	8.00	可利用磷（%）	0.45
进口鱼粉	1.50	赖氨酸（%）	1.20
棉籽粕	4.23	蛋氨酸（%）	0.48
石粉	1.40	蛋＋胱氨酸（%）	0.83
磷酸氢钙	1.35		
食盐	0.23		
油	10		
氯化胆碱	0.05		
蛋氨酸	0.16		
赖氨酸	0.08		
预混料	1.00		

配方 174 （主要蛋白原料为豆粕、棉籽粕、菜籽粕、玉米蛋白粉）

原料名称	含量（%）	营养素名称	营养含量（%）
玉米	64.25	代谢能（kcal/kg）	3 030
小麦	3.00	粗蛋白（%）	18.00
豆粕	19.50	钙（%）	0.82

续表

原料名称	含量（%）	营养素名称	营养含量（%）
棉籽粕	3.50	可利用磷（%）	0.35
菜籽粕	2.50	赖氨酸（%）	0.97
玉米蛋白粉	3.00	蛋氨酸（%）	0.38
豆油	3.10	蛋＋胱氨酸（%）	0.70
食盐	0.37		
磷酸氢钙	1.25		
石粉	1.20		
赖氨酸	0.22		
蛋氨酸	0.09		
预混料	1.00		
抗生素	0.02		

配方 175　（主要蛋白原料为豆粕、菜籽粕、棉籽粕、玉米蛋白粉）

原料名称	含量（%）	营养素名称	营养含量（%）
玉米	63.00	代谢能（kcal/kg）	3 002
豆粕	20.50	粗蛋白（%）	19.47
菜籽粕	4.00	钙（%）	0.90
棉籽粕	3.00	可利用磷（%）	0.40
玉米蛋白粉	3.00	赖氨酸（%）	1.18
菜籽油	0.95	蛋氨酸（%）	0.49
赖氨酸	0.43	蛋＋胱氨酸（%）	
蛋氨酸	0.19	代谢能（kcal/kg）	0.86
石粉	1.24		
磷酸氢钙	1.69		
食盐	0.30		
硅藻土	1.40		
氯化胆碱	0.10		
预混料	0.20		

第五章 肉鸡饲料配方集

配方176 （主要蛋白原料为豆粕、棉籽粕、菜籽粕）

原料名称	含量（%）	营养素名称	营养含量（%）
玉米	57.86	代谢能（kcal/kg）	2 983
豆粕	30.21	粗蛋白/%	20.00
棉籽粕	4.00	钙（%）	0.90
菜籽粕	1.00	可利用磷（%）	0.35
大豆油	2.70	赖氨酸（%）	1.00
赖氨酸	0.06	蛋氨酸（%）	0.38
蛋氨酸	0.14	蛋+胱氨酸（%）	0.72
石粉	1.15		
磷酸氢钙	1.51		
食盐	0.37		
预混料	1.00		

配方177 （主要蛋白原料为豆粕、棉籽粕、菜籽粕、玉米蛋白粉、鱼粉）

原料名称	含量（%）	营养素名称	营养含量（%）
玉米	44.51	代谢能（kcal/kg）	2 997
豆粕	9.98	粗蛋白（%）	18.45
次粉	8.00	钙（%）	0.9
油糠	12.00	可利用磷（%）	0.38
棉籽粕	6.00	赖氨酸（%）	0.94
菜籽粕	6.00	蛋氨酸（%）	0.39
玉米蛋白粉	3.00	蛋+胱氨酸（%）	0.73
大豆油	4.37		
鱼粉	2.00		
赖氨酸	0.20		
蛋氨酸	0.07		
石粉	1.36		
磷酸氢钙	1.11		
50%氯化胆碱	0.1		
食盐	0.30		
预混料	1.00		

配方 178　（主要蛋白原料为豆粕、棉籽粕、菜籽粕、DDGS）

原料名称	含量（%）	营养素名称	营养含量（%）
玉米	56.89	代谢能（kcal/kg）	2 990
豆粕	22.73	粗蛋白（%）	18.97
棉籽粕	3.00	钙（%）	0.80
菜籽粕	3.00	可利用磷（%）	0.39
大豆油	3.20	赖氨酸（%）	0.96
DDGS	8.00	蛋氨酸（%）	0.39
赖氨酸	0.10	蛋+胱氨酸（%）	0.72
蛋氨酸	0.10		
石粉	0.8		
磷酸氢钙	1.35		
50%氯化胆碱	0.15		
食盐	0.35		
预混料	0.33		

配方 179　（主要蛋白原料为豆粕、肉骨粉、菜籽粕、棉籽粕）

原料名称	含量（%）	营养素名称	营养含量（%）
玉米	59.82	代谢能（kcal/kg）	2 922
豆粕	23.2	粗蛋白（%）	19.5
次粉	4.50	钙（%）	1.00
肉骨粉	4.00	可利用磷（%）	0.45
菜籽粕	2.00	赖氨酸（%）	1.03
棉籽粕	2.00	蛋氨酸（%）	0.48
牛羊油	1.90	蛋+胱氨酸（%）	0.77
石粉	0.65		
磷酸氢钙	0.45		
赖氨酸	0.10		
蛋氨酸	0.04		
食盐	0.34		
预混料	1.00		

配方 180　（主要蛋白原料为豆粕、菜籽粕、棉籽粕）

原料名称	含量（%）	营养素名称	营养含量（%）
玉米	63.515	代谢能（kcal/kg）	3 000
豆粕	20.75	粗蛋白（%）	18.39
菜籽粕	4.65	钙（%）	0.76
棉籽粕	4.65	可利用磷（%）	0.38
菜籽油	3.06	赖氨酸（%）	0.98
磷酸氢钙	1.32	蛋氨酸（%）	0.37
石粉	0.89	蛋+胱氨酸（%）	0.71
赖氨酸	0.23		
蛋氨酸	0.07		
食盐	0.30		
氯化胆碱	0.15		
盐霉素	0.06		
乙氧喹	0.025		
预混料	0.33		

配方 181　（主要蛋白原料为豆粕、菜籽粕、玉米蛋白粉）

原料名称	含量（%）	营养素名称	营养含量（%）
玉米	64.4	代谢能（kcal/kg）	2 840
豆粕	22.00	粗蛋白（%）	19.10
麦麸	3.00	钙（%）	0.85
菜籽粕	4.00	可利用磷（%）	0.45
玉米蛋白粉	3.00	赖氨酸（%）	0.92
磷酸氢钙	1.10	蛋氨酸（%）	0.43
石粉	1.20	蛋+胱氨酸（%）	0.72
食盐	0.30		
预混料	1.00		

2.4　玉米—小麦—豆粕（配方182～189）

配方182　（主要蛋白原料为豆粕）

原料名称	含量（%）	营养素名称	营养含量（%）
玉米	55.07	代谢能（kcal/kg）	3 000
小麦	8.00	粗蛋白（%）	19.40
豆粕	30.34	钙（%）	0.93
猪油	2.74	可利用磷（%）	0.44
磷酸氢钙	1.44	赖氨酸（%）	1.08
石粉	1.26	蛋氨酸（%）	0.45
食盐	0.36	蛋+胱氨酸（%）	0.80
氯化胆碱	0.05		
赖氨酸（65%）	0.15		
蛋氨酸	0.15		
苏氨酸	0.04		
预混料	0.40		

配方183　（主要蛋白原料为豆粕、棉籽粕、玉米蛋白粉）

原料名称	含量（%）	营养素名称	营养含量（%）
玉米	36.45	代谢能（kcal/kg）	2 950
小麦	28.00	粗蛋白（%）	19.5
豆粕	25.00	钙（%）	0.95
棉籽粕	5.00	可利用磷（%）	0.37
玉米蛋白粉	1.50	赖氨酸（%）	1.00
磷酸氢钙	1.58	蛋氨酸（%）	0.40
石粉	1.02	蛋+胱氨酸（%）	0.77
食盐	0.25		
预混料	1.00		

配方 184 （主要蛋白原料为豆粕、玉米蛋白粉、棉籽粕）

原料名称	含量（%）	营养素名称	营养含量（%）
玉米	54.50	代谢能（kcal/kg）	3 030
小麦	10.00	粗蛋白（%）	20.00
豆粕	19.80	钙（%）	1.07
玉米蛋白粉	4.70	可利用磷（%）	0.45
棉籽粕	3.00	赖氨酸（%）	1.07
DDGS	4.00	蛋氨酸（%）	0.45
预混料	4.00	蛋+胱氨酸（%）	0.89

配方 185 （主要蛋白原料为豆粕、鱼粉）

原料名称	含量（%）	营养素名称	营养含量（%）
玉米	36.00	代谢能（kcal/kg）	2 975
小麦	32.00	粗蛋白（%）	19.02
豆粕	24.50	钙（%）	0.87
鱼粉	1.00	可利用磷（%）	0.34
豆油	3.00	赖氨酸（%）	0.95
磷酸氢钙	0.90	蛋氨酸（%）	0.39
石粉	1.30	蛋+胱氨酸（%）	0.72
食盐	0.30		
预混料	1.00		

配方186 （主要蛋白原料为豆粕、棉籽粕）

原料名称	含量（%）	营养素名称	营养含量（%）
玉米	37.95	代谢能（kcal/kg）	2 950
小麦	28.00	粗蛋白（%）	19.5
豆粕	25.00	钙（%）	0.95
棉籽粕	5.00	可利用磷（%）	0.38
磷酸氢钙	1.58	赖氨酸（%）	1.00
石粉	1.02	蛋氨酸（%）	0.40
食盐	0.25	蛋+胱氨酸（%）	0.76
预混料	1.00		

配方187 （主要蛋白原料为豆粕、棉籽粕、菜籽粕、DDGS）

原料名称	含量（%）	营养素名称	营养含量（%）
玉米	37.92	代谢能（kcal/kg）	3 030
小麦	30.00	粗蛋白（%）	18.10
豆粕	15.50	钙（%）	0.83
棉籽粕	3.50	可利用磷（%）	0.35
菜籽粕	2.50	赖氨酸（%）	0.96
玉米蛋白粉	3.00	蛋氨酸（%）	0.37
豆油	3.40	蛋+胱氨酸（%）	0.69
食盐	0.37		
磷酸氢钙	1.25		
石粉	1.15		
赖氨酸	0.31		
蛋氨酸	0.08		
预混料	1.00		
抗菌素	0.02		

配方188 （主要蛋白原料为豆粕、菜籽粕、棉籽粕、DDGS、玉米蛋白粉）

原料名称	含量（%）	营养素名称	营养含量（%）
玉米	55.07	代谢能（kcal/kg）	2 950
小麦	4.00	粗蛋白（%）	19.40
豆粕	14.71	钙（%）	0.93

续表

原料名称	含量（%）	营养素名称	营养含量（%）
菜籽粕	6.00	可利用磷（%）	0.44
棉籽粕	6.00	赖氨酸（%）	1.08
DDGS	5.00	蛋氨酸（%）	0.45
玉米蛋白粉	2.00	蛋+胱氨酸（%）	0.80
猪油	2.83		
磷酸氢钙	1.44		
石粉	1.25		
食盐	0.36		
氯化胆碱	0.05		
赖氨酸（65%）	0.63		
蛋氨酸	0.15		
苏氨酸	0.11		
预混料	0.40		

配方189 （主要蛋白原料为豆粕、鱼粉）

原料名称	含量（%）	营养素名称	营养含量（%）
玉米	20.00	代谢能（kcal/kg）	2 670
小麦	13.00	粗蛋白（%）	18.60
碎米	20.80	钙（%）	1.03
豆粕	12.00	可利用磷（%）	1.02
米糠	12.00	赖氨酸（%）	1.05
麸皮	10.00	蛋氨酸（%）	0.35
鱼粉	9.00	蛋+胱氨酸（%）	0.65
骨粉	2.00		
食盐	0.20		
预混料	1.00		

2.5 小麦—豆粕型（配方 190~206）

配方190　（主要蛋白原料为豆粕）

原料名称	含量（%）	营养素名称	营养含量（%）
小麦	75.715	代谢能（kcal/kg）	3 000
豆粕	17.87	粗蛋白（%）	18.39
菜籽油	3.03	钙（%）	0.76
磷酸氢钙	1.39	可利用磷（%）	0.38
石粉	0.67	赖氨酸（%）	1.05
食盐	0.3	蛋氨酸（%）	0.45
蛋氨酸	0.07		
赖氨酸	0.39		
预混料	0.565		

配方191　（主要蛋白原料为豆粕）

原料名称	含量（%）	营养素名称	营养含量（%）
小麦	70.93	代谢能（kcal/kg）	3 100
豆粕	20.78	粗蛋白（%）	19.00
菜籽油	4.95	钙（%）	0.76
磷酸氢钙	1.40	可利用磷（%）	0.38
石粉	0.66	赖氨酸（%）	1.00
赖氨酸	0.35	蛋+胱氨酸（%）	0.76
蛋氨酸	0.07		
食盐	0.30		
维生素预混料	0.03		
微量元素预混料	0.30		
氯化胆碱	0.15		
盐霉素	0.06		
乙氧喹	0.03		

配方 192　（主要蛋白原料为豆粕）

原料名称	含量（%）	营养素名称	营养含量（%）
小麦	73.50	代谢能（kcal/kg）	3 110
豆粕	18.87	粗蛋白（%）	19.00
豆油	3.48	钙（%）	0.90
磷酸氢钙	1.95	可利用磷（%）	0.45
石粉	0.71	赖氨酸（%）	1.00
食盐	0.35	蛋氨酸（%）	0.45
赖氨酸	0.39		
蛋氨酸	0.15		
酶制剂	0.20		
预混料	0.40		

配方 193　（主要蛋白原料为豆粕）

原料名称	含量（%）	营养素名称	营养含量（%）
小麦	70.03	代谢能（kcal/kg）	2 875
大豆粕	23.00	粗蛋白质（%）	20.50
豆油	2.60	钙（%）	0.91
磷酸氢钙	1.00	可利用磷（%）	0.42
石粉	1.65	赖氨酸（%）	0.99
食盐	0.30	蛋氨酸（%）	0.51
赖氨酸盐酸盐	0.18	蛋氨酸+胱氨酸（%）	0.81
蛋氨酸	0.24		
1%预混料	1.00		

配方 194　（主要蛋白原料为豆粕）

原料名称	含量（%）	营养素名称	营养含量（%）
小麦	50.00	代谢能（kcal/kg）	2 895
玉米	18.00	粗蛋白（%）	19.85
豆粕	26.00	钙（%）	0.91
豆油	2.10	可利用磷（%）	0.41
磷酸氢钙	1.50	赖氨酸（%）	1.03
石粉	1.00	蛋氨酸（%）	0.49
蛋氨酸	0.18	蛋+胱氨酸（%）	0.85
赖氨酸	0.22		
预混料	1.00		

配方 195 　（主要蛋白原料为豆粕）

原料名称	含量（%）	营养素名称	营养含量（%）
小麦	60.30	代谢能（kcal/kg）	2 842
豆粕	33.00	粗蛋白（%）	20.12
豆油	2.70	钙（%）	0.85
磷酸氢钙	1.60	可利用磷（%）	0.40
石粉	1.10	赖氨酸（%）	1.06
食盐	0.30	蛋氨酸（%）	0.35
预混料	1.00	蛋＋胱氨酸（%）	0.80

配方 196 　（主要蛋白原料为豆粕）

原料名称	含量（%）	营养素名称	营养含量（%）
小麦	37.2	代谢能（kcal/kg）	2 918
玉米	18.6	粗蛋白（%）	21.35
豆粕	38.0	钙（%）	0.88
豆油	2.0	可利用磷（%）	0.40
磷酸氢钙	1.8	赖氨酸（%）	1.06
石粉	1.1	蛋氨酸（%）	0.43
食盐	0.3	蛋＋胱氨酸（%）	0.78
预混料	1.0		

配方 197 　（主要蛋白原料为豆粕）

原料名称	含量（%）	营养素名称	营养含量（%）
小麦	40.2	代谢能（kcal/kg）	2 910
玉米	20.1	粗蛋白（%）	22.57
豆粕	33	钙（%）	0.91
豆油	2.7	可利用磷（%）	0.40
磷酸氢钙	1.6	赖氨酸（%）	1.10
石粉	1.1	蛋氨酸（%）	0.45
食盐	0.3	蛋＋胱氨酸（%）	0.80
预混料	1		

配方 198 （主要蛋白原料为豆粕）

原料名称	含量（%）	营养素名称	营养含量（%）
小麦	62.5	代谢能（kcal/kg）	3 060
玉米	10.0	粗蛋白（%）	8.91
豆粕	20.0	钙（%）	0.83
豆油	4.0	可利用磷（%）	0.400
磷酸氢钙	1.3	赖氨酸（%）	0.99
石粉	0.5	蛋氨酸（%）	0.34
食盐	0.3	蛋+胱氨酸（%）	0.72
赖氨酸	0.3		
蛋氨酸	0.1		
预混料	1.0		

配方 199 （主要蛋白原料为豆粕、鱼粉、玉米蛋白粉）

原料名称	含量（%）	营养素名称	营养含量（%）
小麦	50.00	代谢能（kcal/kg）	2 925
玉米	21.00	粗蛋白（%）	19.00
次粉	2.23	钙（%）	0.85
豆粕	17.50	可利用磷（%）	0.38
进口鱼粉	2.00	赖氨酸（%）	0.95
玉米蛋白粉	3.00	蛋氨酸（%）	0.39
混合油	0.7	蛋+胱氨酸（%）	0.69
磷酸氢钙	0.75		
石粉	1.32		
食盐	0.22		
蛋氨酸	0.07		
赖氨酸	0.23		
预混料	1.00		

配方 200 （主要蛋白原料为豆粕）

原料名称	含量（%）	营养素名称	营养含量（%）
小麦	37.00	代谢能（kcal/kg）	3 110
玉米	31.77	粗蛋白（%）	19.00

续表

原料名称	含量（%）	营养素名称	营养含量（%）
豆粕	25.06	钙（%）	0.90
豆油	2.06	可利用磷（%）	0.45
磷酸氢钙	1.95	赖氨酸（%）	1.00
石粉	0.82	蛋氨酸（%）	0.45
食盐	0.35		
赖氨酸	0.24		
蛋氨酸	0.15		
酶制剂	0.20		
预混料	0.40		

配方 201　（主要蛋白原料为豆粕、鱼粉）

原料名称	含量（%）	营养素名称	营养含量（%）
小麦	50.57	代谢能（kcal/kg）	3 010
玉米	10.00	粗蛋白（%）	20.82
豆粕	27.30	钙（%）	0.95
鱼粉	1.87	可利用磷（%）	0.42
豆油	6.35	赖氨酸（%）	1.22
石粉	0.87	蛋氨酸（%）	0.49
磷酸氢钙	1.36	蛋+胱氨酸（%）	0.95
小苏打	0.3		
食盐	0.12		
赖氨酸	0.31		
蛋氨酸	0.30		
50%氯化胆碱	0.07		
苏氨酸	0.03		
酶制剂	0.40		
预混料	0.15		

配方202　（主要蛋白原料为鱼粉、豆粕）

原料名称	含量（%）	营养素名称	营养含量（%）
小麦	50.00	代谢能（kcal/kg）	3 030
玉米	28.80	粗蛋白（%）	18.10
鱼粉	13.00	钙（%）	1.17
豆粕	5.00	可利用磷（%）	0.91
骨粉	2.00	赖氨酸（%）	1.01
食盐	0.20	蛋氨酸（%）	0.35
预混料	1.00	蛋+胱氨酸（%）	0.63

配方203　（主要蛋白原料为豆粕、玉米蛋白粉、棉籽粕、DDGS）

原料名称	含量（%）	营养素名称	营养含量（%）
小麦	45.00	代谢能（kcal/kg）	3 030
玉米	23.00	粗蛋白（%）	20.00
豆粕	17.00	钙（%）	1.07
玉米蛋白粉	4.00	可利用磷（%）	0.45
棉籽粕	3.00	赖氨酸（%）	1.06
DDGS	4.00	蛋氨酸（%）	0.45
预混料	4.00	蛋+胱氨酸（%）	0.89

配方204　（主要蛋白原料为豆粕、鱼粉）

原料名称	含量（%）	营养素名称	营养含量（%）
小麦	66.52	代谢能（kcal/kg）	3 000
次粉	2.23	粗蛋白（%）	20.00
豆粕	24.83	钙（%）	0.90
进口鱼粉	1.60	可利用磷（%）	0.35
混合油	3.32	赖氨酸（%）	0.90
磷酸氢钙	1.10	蛋氨酸（%）	0.38
石粉	1.27	蛋+胱氨酸（%）	0.69
食盐	0.30		
蛋氨酸	0.06		
赖氨酸	0.23		
预混料	1.00		

配方 205 （主要蛋白原料为豆粕、玉米蛋白粉、鱼粉）

原料名称	含量（%）	营养素名称	营养含量（%）
小麦	40.00	代谢能（kcal/kg）	3 150
玉米	27.20	粗蛋白（%）	19.00
豆粕	8.00	钙（%）	0.90
玉米蛋白粉	6.00	可利用磷（%）	0.37
鱼粉	4.00	赖氨酸（%）	1.06
黄豆粉	3.00	蛋氨酸（%）	0.40
酵母粉	3.00	蛋+胱氨酸（%）	0.87
磷酸氢钙	0.80		
石粉	1.50		
猪油	4.00		
预混料	2.00		
酶制剂	0.05		

配方 206 （主要蛋白原料为豆粕、鱼粉）

原料名称	含量（%）	营养素名称	营养含量（%）
小麦	61.36	代谢能（kcal/kg）	3 065
玉米	12.00	粗蛋白（%）	19.18
豆粕	17.60	钙（%）	0.90
鱼粉	3.00	可利用磷（%）	0.35
豆油	3.00	赖氨酸（%）	0.99
石粉	1.20	蛋氨酸（%）	0.38
磷酸氢钙	0.80	蛋+胱氨酸（%）	0.78
食盐	0.30		
赖氨酸	0.21		
蛋氨酸	0.05		
50%氯化胆碱	0.10		
酶制剂	0.05		
预混料	0.33		

2.6　小麦—豆粕—杂粕型（配方 207～210）

配方 207　（主要蛋白原料为豆粕、花生粕、玉米蛋白粉）

原料名称	含量（%）	营养素名称	营养含量（%）
小麦	40.00	代谢能（kcal/kg）	2 875
玉米	30.7	粗蛋白（%）	19
麸皮	5.70	钙（%）	0.85
豆粕	9.50	可利用磷（%）	0.44
花生粕	6.00	赖氨酸（%）	1.02
玉米蛋白粉	3.70	蛋氨酸（%）	0.46
玉米油	0.50	蛋+胱氨酸（%）	0.74
磷酸氢钙	0.92		
石粉	1.25		
氯化胆碱	0.06		
食盐	0.31		
赖氨酸（65%）	0.69		
蛋氨酸	0.12		
苏氨酸	0.14		
植酸酶	0.01		
预混料	0.40		

配方 208　（主要蛋白原料为豆粕、菜籽粕、玉米蛋白粉、鱼粉）

原料名称	含量（%）	营养素名称	营养含量（%）
小麦	47.00	代谢能（kcal/kg）	3 045
玉米	14.00	粗蛋白（%）	18.79
次粉	9.50	钙（%）	0.85
豆粕	10.60	可利用磷（%）	0.37
菜籽粕	2.00	赖氨酸（%）	1.02
玉米蛋白粉	5.00	蛋氨酸（%）	0.38
棉籽粕	2.00	蛋+胱氨酸（%）	0.725
鱼粉	1.50		
植物油	4.20		
磷酸氢钙	1.20		

原料名称	含量（%）	营养素名称	营养含量（%）
石粉	1.25		
食盐	0.34		
赖氨酸	0.34		
蛋氨酸	0.05		
防霉剂	0.10		
预混料	1.00		

配方 209　（主要蛋白原料为豆粕、菜籽粕、棉籽粕、玉米蛋白粉）

原料名称	含量（%）	营养素名称	营养含量（%）
玉米	33.88	代谢能（kcal/kg）	3 030
小麦	35.00	粗蛋白（%）	18.00
豆粕	14.50	钙（%）	0.83
菜籽粕	2.50	可利用磷（%）	0.35
棉籽粕	3.50	赖氨酸（%）	0.97
玉米蛋白粉	3.00	蛋氨酸（%）	0.37
豆油	3.40	蛋+胱氨酸（%）	0.69
食盐	0.38		
磷酸氢钙	1.25		
石粉	1.14		
赖氨酸	0.35		
蛋氨酸	0.08		
预混料	1.00		
抗菌素	0.02		

配方 210　（主要蛋白原料为豆粕、菜籽粕、棉籽粕、玉米蛋白粉）

原料名称	含量（%）	营养素名称	营养含量（%）
玉米	29.58	代谢能（kcal/kg）	3 030
小麦	40.00	粗蛋白（%）	18.00
豆粕	13.80	钙（%）	0.83
菜籽粕	2.50	可利用磷（%）	0.35
玉米蛋白粉	3.00	赖氨酸（%）	0.96

续表

原料名称	含量（%）	营养素名称	营养含量（%）
棉籽粕	3.50	蛋氨酸（%）	0.37
豆油	3.45	蛋 + 胱氨酸（%）	0.69
食盐	0.38		
磷酸氢钙	1.25		
石粉	1.10		
赖氨酸	0.35		
蛋氨酸	0.07		
预混料	1.00		
抗菌素	0.02		

2.7　杂原料配方（配方 211 ~ 213）

配方 211　（主要蛋白原料为玉米蛋白粉、全脂大豆、喷雾血粉、蚕蛹粉）

原料名称	含量（%）	营养素名称	营养含量（%）
玉米	55.39	代谢能（kcal/kg）	3 198
高粱	8.06	粗蛋白（%）	20.00
玉米蛋白粉	5.04	钙（%）	0.90
全脂大豆	18.96	可利用磷（%）	0.45
喷雾血粉	3.79	赖氨酸（%）	1.00
蚕蛹粉	3.32	蛋 + 胱氨酸（%）	0.66
植物油	1.53		
磷酸氢钙	2.57		
石粉	0.59		
食盐	0.25		
蛋氨酸	0.15		
预混料	0.35		

配方 212 （主要蛋白原料为玉米蛋白粉、全脂大豆、喷雾血粉、蚕蛹粉）

原料名称	含量（%）	营养素名称	营养含量（%）
玉米	56.76	代谢能（kcal/kg）	3 098
麦麸	7.96	粗蛋白（%）	20.00
玉米蛋白粉	4.98	钙（%）	0.90
全脂大豆	18.13	可利用磷（%）	0.45
喷雾血粉	2.87	赖氨酸（%）	1.00
蚕蛹粉	3.83	蛋+胱氨酸（%）	0.66
植物油	1.66		
磷酸氢钙	2.43		
石粉	0.61		
食盐	0.25		
赖氨酸	0.02		
蛋氨酸	0.15		
预混料	0.35		

配方 213 （能量原料为糙米，主要蛋白原料为豆粕）

原料名称	含量（%）	营养素名称	营养含量（%）
糙米	57.54	代谢能（kcal/kg）	3 066
豆粕	36.6	粗蛋白（%）	20.00
豆油	2.60	钙（%）	0.83
DL-蛋氨酸	0.14	可利用磷（%）	0.41
磷酸氢钙	1.6	赖氨酸（%）	1.11
石粉	0.91	蛋+胱氨酸（%）	0.76
食盐	0.3		
矿物质预混料	0.2		
维生素预混料	0.025		
氯化胆碱	0.1		

3 肉大鸡配合饲料配方

3.1 玉米豆粕型（配方 214~231）

配方 214 （主要蛋白原料为豆粕）

原料名称	含量（%）	营养素名称	营养含量（%）
玉米	70.24	代谢能（kcal/kg）	3 062
豆粕	23.90	粗蛋白（%）	17.03
豆油	2.20	钙（%）	0.95
石粉	1.30	可利用磷（%）	0.36
磷酸氢钙	1.50	赖氨酸（%）	0.85
蛋氨酸	0.15	蛋氨酸（%）	0.38
赖氨酸	0.08	蛋+胱氨酸（%）	0.65
食盐	0.30		
氯化胆碱	0.10		
预混料	0.23		

配方 215 （主要蛋白原料为豆粕）

原料名称	含量（%）	营养素名称	营养含量（%）
玉米	62.45	代谢能（kcal/kg）	3 160
豆粕	25.31	粗蛋白（%）	17.55
次粉	5.00	钙（%）	0.83
猪油	3.75	可利用磷（%）	0.34
磷酸氢钙	1.25	赖氨酸（%）	0.95
石粉	1.25	蛋氨酸（%）	0.30
食盐	0.32	蛋+胱氨酸（%）	0.65
氯化胆碱	0.06		
赖氨酸	0.07		
蛋氨酸	0.04		
预混料	0.50		

配方 216　（主要蛋白原料为豆粕）

原料名称	含量（%）	营养素名称	营养含量（%）
玉米	62.33	代谢能（kcal/kg）	3 130
豆粕	28.50	粗蛋白（%）	17.90
豆油	4.20	钙（%）	0.80
磷酸氢钙	1.10	可利用磷（%）	0.32
石粉	1.15	赖氨酸（%）	0.97
食盐	0.3	蛋＋胱氨酸（%）	0.65
蛋氨酸	0.05		
微量元素预混料	0.20		
维生素预混料	0.02		
添加剂预混料	2.15		

配方 217　（主要蛋白原料为豆粕）

原料名称	含量（%）	营养素名称	营养含量（%）
玉米	60.74	ME（kcal/kg）	3 200
豆粕	30.00	粗蛋白（%）	18
植物油	5.5	钙（%）	0.86
磷酸氢钙	1.47	可利用磷（%）	0.38
石粉	0.97	赖氨酸（%）	0.88
蛋氨酸	0.03	蛋氨酸（%）	0.32
食盐	0.29	蛋＋胱氨酸（%）	0.62
预混料	1		

配方 218　（主要蛋白原料为豆粕）

原料名称	含量（%）	营养素名称	营养含量（%）
玉米	60.20	代谢能（kcal/kg）	3 000
麦麸	3.00	粗蛋白（%）	19
豆粕	30.00	钙（%）	0.91
豆油	3.00	可利用磷（%）	0.42
磷酸氢钙	1.30	赖氨酸（%）	0.99
石粉	1.20	蛋氨酸（%）	0.40
食盐	0.30	蛋氨酸＋胱氨酸（%）	0.81
1%预混料	1.00		

配方 219 （主要蛋白原料为豆粕、肉骨粉）

原料名称	含量（%）	营养素名称	营养含量（%）
玉米	66.75	代谢能（kcal/kg）	3 077
豆粕	20.3	粗蛋白（%）	17.76
次粉	5.00	钙（%）	0.88
肉骨粉	4.70	可利用磷（%）	0.42
牛羊油	1.10	赖氨酸（%）	0.91
石粉	0.55	蛋氨酸（%）	0.39
磷酸氢钙	0.16	蛋+胱氨酸（%）	0.69
赖氨酸	0.09		
蛋氨酸	0.03		
食盐	0.32		
预混料	1.00		

配方 220 （主要蛋白来源为豆粕、粉丝蛋白粉）

原料名称	含量（%）	营养素名称	营养含量（%）
玉米	70.30	代谢能（kcal/kg）	3 030
豆粕	21.05	粗蛋白（%）	18.77
粉丝蛋白粉	5.00	钙（%）	0.90
石粉	0.69	可利用磷（%）	0.40
磷酸氢钙	1.47	赖氨酸（%）	0.96
蛋氨酸	0.12	蛋氨酸（%）	0.36
食盐	0.37		
预混料	1.00		

配方 221 （主要蛋白原料为豆粕、玉米蛋白粉、棉籽粕、鱼粉）

原料名称	含量（%）	营养素名称	营养含量（%）
玉米	65.22	代谢能（kcal/kg）	3 160
大豆粕	19.00	粗蛋白（%）	17.75
次粉	3.00	钙（%）	0.88
玉米蛋白粉	4.00	可利用磷（%）	0.40
棉籽粕	2.00	赖氨酸（%）	0.92

原料名称	含量（%）	营养素名称	营养含量（%）
国产鱼粉	1.00	蛋氨酸（%）	0.35
大豆油	3.00	蛋 + 胱氨酸（%）	0.63
石粉	1.20		
磷酸氢钙	1.40		
赖氨酸	0.13		
蛋氨酸	0.05		
1% 预混料	1.00		

配方 222　（主要蛋白原料为豆粕、骨粉）

原料名称	含量（%）	营养素名称	营养含量（%）
玉米	68.27	代谢能（kcal/kg）	2 975
豆粕	26.70	粗蛋白（%）	18.0
油脂	1.50	钙（%）	0.80
骨粉	1.93	可利用磷（%）	0.40
磷酸氢钙	0.40	赖氨酸（%）	0.85
食盐	0.40	蛋氨酸（%）	0.33
蛋氨酸	0.10	蛋 + 胱氨酸（%）	0.63
预混料	0.70		

配方 223　（主要蛋白原料为豆粕、水解羽毛粉）

原料名称	含量（%）	营养素名称	营养含量（%）
玉米	73.65	代谢能（kcal/kg）	2 995
豆粕	16.79	粗蛋白（%）	18.0
水解羽毛粉	5.00	钙（%）	0.80
油脂	1.00	可利用磷（%）	0.40
骨粉	2.16	赖氨酸（%）	0.80
磷酸氢钙	0.12	蛋氨酸（%）	0.23
食盐	0.40	蛋氨酸 + 胱氨酸（%）	0.67
赖氨酸	0.09		
预混料	0.70		

配方 224　（主要蛋白原料为豆粕、玉米胚芽饼、水解羽毛粉、味精蛋白）

原料名称	含量（%）	营养素名称	营养含量（%）
玉米	65.00	代谢能（kcal/kg）	3 100
豆粕	12.00	粗蛋白（%）	16.97
玉米胚芽饼	4.20	钙（%）	0.75
DDGS	5.00	可利用磷（%）	0.36
油脂	5.00	赖氨酸（%）	0.93
水解羽毛粉	3.00	蛋氨酸（%）	0.46
味精蛋白	2.50	苏氨酸（%）	0.68
磷酸氢钙	0.50	色氨酸（%）	0.17
石粉	1.30		
蛋氨酸	0.20		
赖氨酸	0.50		
碳酸氢钠	0.15		
食盐	0.15		
预混料	0.5		

配方 225　（主要蛋白原料为豆粕、棉籽粕、DDGS、肉骨粉、味精蛋白、水解羽毛粉）

原料名称	含量（%）	营养素名称	营养含量（%）
玉米	70.0	代谢能（kcal/kg）	2 900
豆粕	18.0	粗蛋白（%）	16.9
棉籽粕	1.30	钙（%）	1.26
DDGS	2.60	可利用磷（%）	0.40
肉骨粉	1.95	赖氨酸（%）	0.97
味精蛋白	0.90	蛋氨酸（%）	0.37
水解羽毛粉	0.40	苏氨酸（%）	0.70
大豆磷脂	2.10	盐分（%）	0.29
磷酸氢钙	0.36		
石粉	1.30		
食盐	0.20		
氯化胆碱	0.06		
赖氨酸	0.36		
蛋氨酸	0.13		
苏氨酸	0.10		
预混料	0.24		

配方 226 （主要蛋白原料为豆粕、鱼粉）

原料名称	含量（%）	营养素名称	营养含量（%）
玉米	68.67	代谢能（kcal/kg）	2 998
豆粕	19.25	粗蛋白（%）	15.50
桑叶粉	4.00	钙（%）	0.96
植物油	3.1	可利用磷（%）	0.41
进口鱼粉	1.08	赖氨酸（%）	0.79
磷酸氢钙	1.30	蛋氨酸（%）	0.35
石粉	1.20		
食盐	0.30		
蛋氨酸	0.10		
预混料	1.00		

配方 227 （主要蛋白原料为豆粕、鱼粉）

原料名称	含量（%）	营养素名称	营养含量（%）
玉米	66.85	代谢能（kcal/kg）	2 998
豆粕	17.35	粗蛋白（%）	15.50
桑叶粉	6.00	钙（%）	0.97
植物油	3.5	可利用磷（%）	0.41
进口鱼粉	2.60	赖氨酸（%）	0.79
磷酸氢钙	1.20	蛋氨酸（%）	0.35
石粉	1.10		
食盐	0.30		
蛋氨酸	0.10		
预混料	1.00		

配方 228 （主要蛋白原料为豆粕、膨化大豆、玉米蛋白粉、DDGS）

原料名称	含量（%）	营养素名称	营养含量（%）
玉米	56.80	代谢能（kcal/kg）	3 052
豆粕	10.68	粗蛋白（%）	17
膨化大豆	6.50	钙（%）	0.9
玉米蛋白粉	4.00	可利用磷（%）	0.39
麦麸	5.00	赖氨酸（%）	0.87

续表

原料名称	含量（%）	营养素名称	营养含量（%）
次粉	5.00	蛋氨酸（%）	0.3
DDGS	5.00	蛋＋胱氨酸（%）	0.65
石粉	1.35		
磷酸氢钙	1.05		
食盐	0.22		
油	3.10		
氯化胆碱	0.10		
赖氨酸	0.20		
预混料	1.00		

配方 229　（主要蛋白原料为豆粕、膨化大豆、玉米蛋白粉）

原料名称	含量（%）	营养素名称	营养含量（%）
玉米	69.80	代谢能（kcal/kg）	3 052
豆粕	15.04	粗蛋白（%）	17.00
膨化大豆	6.00	钙（%）	0.90
玉米蛋白粉	4.00	可利用磷（%）	0.44
油	1.22	赖氨酸（%）	1.00
石粉	1.20	蛋氨酸（%）	0.31
磷酸氢钙	1.30	蛋＋胱氨酸（%）	0.65
食盐	0.22		
氯化胆碱	0.10		
赖氨酸	0.12		
预混料	1.00		

配方 230　（主要蛋白原料为豆粕、DDGS）

原料名称	含量（%）	营养素名称	营养含量（%）
玉米	68.34	代谢能（kcal/kg）	3 148
豆粕	24.90	粗蛋白（%）	17.50
DDGS	4.00	钙（%）	0.80
磷酸氢钙	1.00	可利用磷（%）	0.35
石粉	1.00	赖氨酸（%）	0.87

续表

原料名称	含量（%）	营养素名称	营养含量（%）
赖氨酸	0.05	蛋氨酸（%）	0.34
蛋氨酸	0.12	蛋+胱氨酸（%）	0.67
食盐	0.37		
氯化胆碱	0.10		
维生素预混料	0.02		
微量元素预混料	0.10		

配方231 （主要蛋白原料为豆粕、鱼粉）

原料名称	含量（%）	营养素名称	营养含量（%）
玉米	60.00	代谢能（kcal/kg）	2 870
小麦	12.45	粗蛋白（%）	18.64
豆粕	21.00	钙（%）	0.81
鱼粉	3.00	可利用磷（%）	0.39
磷酸氢钙	1.60	赖氨酸（%）	0.86
石粉	0.60	蛋氨酸（%）	0.30
食盐	0.30	蛋+胱氨酸（%）	0.61
预混料	1.00		

3.2 玉米—豆粕—鱼粉型（配方232～241）

配方232 （主要蛋白原料为豆粕、鱼粉）

原料名称	含量（%）	营养素名称	营养含量（%）
玉米	67.57	代谢能（kcal/kg）	3 200
豆粕	21.60	粗蛋白（%）	18.00
进口鱼粉	5.00	钙（%）	0.80
植物油	3.70	可利用磷（%）	0.34
磷酸氢钙	0.87	赖氨酸（%）	0.92
石粉	0.90	蛋氨酸（%）	0.33
食盐	0.16	蛋+胱氨酸（%）	0.62
预混料	0.2		

配方 233 （主要蛋白原料为豆粕、鱼粉）

原料名称	含量（%）	营养素名称	营养含量（%）
玉米	63.67	代谢能（kcal/kg）	3 108
大豆粕	25.50	粗蛋白质（%）	17.50
鱼粉	1.60	钙（%）	0.84
大豆油	5.50	可利用磷（%）	0.43
石粉	1.06	赖氨酸（%）	0.87
磷酸氢钙	1.30	蛋氨酸（%）	0.36
赖氨酸	0.02		
蛋氨酸	0.05		
食盐	0.30		
1%预混料	1.00		

配方 234 （主要蛋白原料为豆粕、鱼粉）

原料名称	含量（%）	营养素名称	营养含量（%）
玉米	60.00	代谢能（kcal/kg）	2 850
小麦	12.45	粗蛋白（%）	18.67
豆粕	21.00	钙（%）	0.83
鱼粉	3.00	可利用磷（%）	0.41
磷酸氢钙	1.60	赖氨酸（%）	0.90
石粉	0.60	蛋氨酸（%）	0.30
食盐	0.30	蛋+胱氨酸（%）	0.60
预混料	1.00		

配方 235 （主要蛋白原料为豆粕、鱼粉）

原料名称	含量（%）	营养素名称	营养含量（%）
玉米	65.9	代谢能（kcal/kg）	3 075
豆粕	20.8	粗蛋白（%）	17.76
次粉	5.00	钙（%）	0.88
鱼粉	3.50	可利用磷（%）	0.42
牛羊油	1.55	赖氨酸（%）	0.91
石粉	1.05	蛋氨酸（%）	0.40
磷酸氢钙	0.90	蛋+胱氨酸（%）	0.68
食盐	0.30		
预混料	1.00		

配方 236 　（主要蛋白原料为豆粕、鱼粉）

原料名称	含量（%）	营养素名称	营养含量（%）
玉米	62.1	代谢能（kcal/kg）	2 811
麦麸	2.1	粗蛋白（%）	17.48
豆粕	25.3	钙（%）	0.88
鱼粉	2.0	可利用磷（%）	0.40
豆油	1.5	赖氨酸（%）	0.90
磷酸氢钙	1.8	蛋氨酸（%）	0.38
石粉	0.9		
食盐	0.3		
预混料	4.0		

配方 237 　（主要蛋白原料为豆粕、鱼粉）

原料名称	含量（%）	营养素名称	营养含量（%）
玉米	60.00	代谢能（kcal/kg）	2 818
麸皮	12.75	粗蛋白（%）	18.11
豆粕	21.00	钙（%）	0.81
鱼粉	3.00	可利用磷（%）	0.43
磷酸氢钙	1.6	赖氨酸（%）	0.86
石粉	0.6	蛋+胱氨酸（%）	0.61
蛋氨酸	0.05		
食盐	0.30		
预混料	0.70		

配方 238 　（主要蛋白原料为豆粕、鱼粉、芝麻饼）

原料名称	含量（%）	营养素名称	营养含量（%）
玉米	44.00	代谢能（kcal/kg）	2 900
碎米	20.00	粗蛋白（%）	20.10
麸皮	5.00	钙（%）	0.80
豆粕	19.00	可利用磷（%）	0.40
鱼粉	4.2	赖氨酸（%）	0.90
芝麻饼	5.00	蛋+胱氨酸（%）	0.60
磷酸氢钙	1.00		
石粉	0.50		
食盐	0.30		
预混料	1.00		

配方 239 （主要蛋白原料为豆粕、鱼粉）

原料名称	含量（%）	营养素名称	营养含量（%）
玉米	60.10	代谢能（kcal/kg）	2 961
豆粕	25.00	粗蛋白（%）	18.20
鱼粉	5.00	钙（%）	0.80
豆油	6.50	可利用磷（%）	0.37
磷酸氢钙	1.00	赖氨酸（%）	0.95
石粉	1.00	蛋+胱氨酸（%）	0.71
食盐	0.25		
蛋氨酸	0.15		
预混料	1.00		

配方 240 （主要蛋白原料为豆粕、鱼粉、棉籽粕）

原料名称	含量（%）	营养素名称	营养含量（%）
玉米	65.85	代谢能（kcal/kg）	2 907
麦麸	2.61	粗蛋白（%）	17.88
豆粕	21.00	钙（%）	0.90
进口鱼粉	2.50	可利用磷（%）	0.40
棉籽粕	3.00	赖氨酸（%）	1.05
豆油	1.50	蛋氨酸（%）	0.43
磷酸氢钙	1.07		
石粉	1.24		
食盐	0.35		
赖氨酸	0.25		
蛋氨酸	0.13		
预混料	0.50		

配方 241 （主要蛋白原料为豆粕、鱼粉、棉籽粕）

原料名称	含量（%）	营养素名称	营养含量（%）
玉米	42.00	代谢能（kcal/kg）	2 907
大麦	30.00	粗蛋白（%）	17.56
豆粕	17.49	钙（%）	0.90
进口鱼粉	2.50	可利用磷（%）	0.40

续表

原料名称	含量（%）	营养素名称	营养含量（%）
棉籽粕	3.00	赖氨酸（%）	1.05
豆油	1.50	蛋氨酸（%）	0.43
磷酸氢钙	1.04		
石粉	1.23		
食盐	0.32		
赖氨酸	0.27		
蛋氨酸	0.14		
酶制剂	0.10		
预混料	0.50		

3.3 玉米—豆粕—杂粮（配方242~259）

配方242 （主要蛋白原料为豆粕、棉籽粕、菜籽粕）

原料名称	含量（%）	营养素名称	营养含量（%）
玉米	64.00	代谢能（kcal/kg）	2 957
豆粕	7.00	粗蛋白（%）	19.20
棉籽粕	9.00	钙（%）	0.88
菜籽粕	3.50	可利用磷（%）	0.36
玉米蛋白粉	4.00	赖氨酸（%）	1.12
发酵棉籽粕	6.00	蛋氨酸+胱氨酸（%）	1.32
豆油	2.00		
磷酸氢钙	1.18		
石粉	1.32		
预混料	2.00		

配方243 （主要蛋白原料为去皮豆粕、玉米蛋白粉、棉籽粕）

原料名称	含量（%）	营养素名称	营养含量（%）
玉米	65.00	代谢能（kcal/kg）	3 050
去皮豆粕	22.50	粗蛋白（%）	18.20
玉米蛋白粉	3.00	钙（%）	0.80
棉籽粕	3.00	可利用磷（%）	0.30
豆油	1.55	赖氨酸（%）	0.80
沸石粉	0.95	蛋氨酸（%）	0.30
预混料	4.00	蛋+胱氨酸（%）	0.60

配方244　（主要蛋白原料为豆粕、DDGS、棉籽粕）

原料名称	含量（%）	营养素名称	营养含量（%）
玉米	66.54	代谢能（kcal/kg）	3 148
豆粕	18.00	粗蛋白（%）	17.5
DDGS	6.70	钙（%）	0.80
棉籽粕	6.00	可利用磷（%）	0.35
磷酸氢钙	1.00	赖氨酸（%）	0.87
石粉	1.00	蛋氨酸（%）	0.34
赖氨酸	0.05	蛋+胱氨酸（%）	0.67
蛋氨酸	0.12		
食盐	0.37		
氯化胆碱	0.10		
维生素预混料	0.02		
微量元素预混料	0.10		

配方245　（主要蛋白原料为豆粕、棉籽粕、花生粕）

原料名称	含量（%）	营养素名称	营养含量（%）
玉米	62.30	代谢能（kcal/kg）	3 160
豆粕	16.35	粗蛋白（%）	17.18
次粉	5.00	钙（%）	0.82
棉籽粕	5.00	可利用磷（%）	0.34
花生粕	3.60	赖氨酸（%）	0.93
猪油	4.14	蛋氨酸（%）	0.30
磷酸氢钙	1.19	蛋+胱氨酸（%）	0.56
石粉	1.29		
食盐	0.31		
氯化胆碱	0.06		
赖氨酸	0.20		
蛋氨酸	0.06		
预混料	0.50		

配方 246　（主要蛋白原料为豆粕、DDGS、棉籽粕）

原料名称	含量（%）	营养素名称	营养含量（%）
玉米	65.24	代谢能（kcal/kg）	3 148
豆粕	14.00	粗蛋白（%）	17.5
DDGS	9.00	钙（%）	0.80
棉籽粕	9.00	可利用磷（%）	0.35
磷酸氢钙	1.00	赖氨酸（%）	0.87
石粉	1.00	蛋氨酸（%）	0.34
赖氨酸	0.05	蛋+胱氨酸（%）	0.68
蛋氨酸	0.12		
食盐	0.37		
氯化胆碱	0.10		
维生素预混料	0.02		
微量元素预混料	0.10		

配方 247　（主要蛋白原料为豆粕、菜籽粕）

原料名称	含量（%）	营养素名称	营养含量（%）
玉米	67.40	代谢能（kcal/kg）	2 870
豆粕	20.00	粗蛋白（%）	17.16
麦麸	4.00	钙（%）	0.84
菜籽粕	5.00	可利用磷（%）	0.42
磷酸氢钙	1.00	赖氨酸（%）	0.87
石粉	1.30	蛋氨酸（%）	0.35
食盐	0.30	蛋+胱氨酸（%）	0.56
预混料	1.00		

配方 248　（主要蛋白原料为豆粕、棉籽粕、菜籽粕、膨化大豆）

原料名称	含量（%）	营养素名称	营养含量（%）
玉米	64.98	代谢能（kcal/kg）	3 050
豆粕	8.50	粗蛋白（%）	17.83
棉籽粕	7.8	钙（%）	0.90
菜籽粕	6.2	可利用磷（%）	0.42
膨化大豆	8.60	赖氨酸（%）	0.73

续表

原料名称	含量（%）	营养素名称	营养含量（%）
食盐	0.30	蛋氨酸（%）	0.32
石粉	1.2	蛋＋胱氨酸（%）	0.59
磷酸氢钙	1.5		
植物油	0.5		
复合维生素	0.02		
复合微量元素	0.16		
赖氨酸	0.16		
蛋氨酸	0.08		

配方 249　（主要蛋白原料为豆粕、棉籽粕、玉米蛋白粉、DDGS）

原料名称	含量（%）	营养素名称	营养含量（%）
玉米	59.80	代谢能（kcal/kg）	3 160
小麦	10.00	粗蛋白（%）	18.00
豆粕	14.70	钙（%）	0.94
玉米蛋白粉	3.50	可利用磷（%）	0.35
棉籽粕	4.00	赖氨酸（%）	0.94
DDGS	4.00	蛋氨酸（%）	0.41
预混料	4.00	蛋＋胱氨酸（%）	0.83

配方 250　（主要蛋白原料为豆粕、菜籽粕）

原料名称	含量（%）	营养素名称	营养含量（%）
玉米	59.20	代谢能（kcal/kg）	2 950
麦麸	2.00	粗蛋白（%）	18.55
豆粕	22.50	钙（%）	0.88
菜籽粕	9.50	可利用磷（%）	0.37
豆油	3.00	赖氨酸（%）	0.91
磷酸氢钙	1.30	蛋氨酸（%）	0.38
石粉	1.20	蛋氨酸＋胱氨酸（%）	0.81
食盐	0.30		
1%预混料	1.00		

配方 251 （主要蛋白原料为豆粕、肉骨粉、菜籽粕、棉籽粕）

原料名称	含量（%）	营养素名称	营养含量（%）
玉米	63.84	代谢能（kcal/kg）	3 080
豆粕	16.82	粗蛋白（%）	17.76
次粉	5.00	钙（%）	0.88
肉骨粉	4.00	可利用磷（%）	0.42
菜籽粕	3.00	赖氨酸（%）	0.91
棉籽粕	3.00	蛋氨酸（%）	0.39
牛羊油	1.90	蛋+胱氨酸（%）	0.70
石粉	0.61		
磷酸氢钙	0.31		
赖氨酸	0.15		
蛋氨酸	0.03		
食盐	0.34		
预混料	1.00		

配方 252 （主要蛋白原料为豆粕、玉米蛋白粉、棉籽粕）

原料名称	含量（%）	营养素名称	营养含量（%）
玉米	64.02	代谢能（kcal/kg）	3 052
豆粕	16.00	粗蛋白（%）	18.06
次粉	5.00	钙（%）	0.86
玉米蛋白粉	3.00	可利用磷（%）	0.33
棉籽粕	5.50	赖氨酸（%）	0.98
大豆油	2.50	蛋氨酸（%）	0.37
赖氨酸	0.08	蛋+胱氨酸（%）	0.75
蛋氨酸	0.10		
石粉	1.40		
磷酸氢钙	1.10		
食盐	0.30		
预混料	1.00		

配方 253　（主要蛋白原料为豆粕、棉籽粕、菜籽粕、
玉米蛋白粉、DDGS）

原料名称	含量（%）	营养素名称	营养含量（%）
玉米	62. 52	代谢能（kcal/kg）	3 002
豆粕	11. 00	粗蛋白（%）	17. 99
次粉	5. 00	钙（%）	0. 85
棉籽粕	7. 00	可利用磷（%）	0. 33
菜籽粕	3. 00	赖氨酸（%）	0. 98
玉米蛋白粉	3. 00	蛋氨酸（%）	0. 38
DDGS	2. 00	蛋＋胱氨酸（%）	0. 74
大豆油	2. 50		
赖氨酸	0. 08		
蛋氨酸	0. 10		
石粉	1. 40		
磷酸氢钙	1. 10		
食盐	0. 30		
预混料	1. 00		

配方 254　（主要蛋白原料为豆粕、玉米蛋白粉、米糠粕、棉籽粕）

原料名称	含量（%）	营养素名称	营养含量（%）
玉米	51. 85	代谢能（kcal/kg）	2 971
豆粕	5. 00	粗蛋白（%）	16. 15
次粉	3. 00	钙（%）	0. 87
玉米蛋白粉	25. 00	可利用磷（%）	0. 39
米糠粕	7. 00	赖氨酸（%）	0. 84
棉籽粕	4. 00	蛋氨酸（%）	0. 41
骨粉	1. 00	蛋＋胱氨酸（%）	0. 76
石粉	1. 10		
磷酸氢钙	1. 00		
赖氨酸	0. 47		
液体蛋氨酸	0. 14		
50%氯化胆碱	0. 05		

原料名称	含量（%）	营养素名称	营养含量（%）
食盐	0.25		
多维预混料	0.02		
微量元素预混料	0.12		

配方 255　（主要蛋白原料为豆粕、棉籽粕、菜籽粕、鱼粉）

原料名称	含量（%）	营养素名称	营养含量（%）
玉米	60.70	代谢能（kcal/kg）	3 000
豆粕	21.00	粗蛋白（%）	19.10
棉籽粕	5.00	钙（%）	0.90
菜籽粕	4.50	可利用磷（%）	0.40
鱼粉	2.00	赖氨酸（%）	0.93
豆油	3.00	蛋氨酸（%）	0.39
磷酸氢钙	1.30	蛋氨酸＋胱氨酸（%）	0.81
石粉	1.20		
食盐	0.30		
1%预混料	1.00		

配方 256　（主要蛋白原料为豆粕、棉籽粕、玉米蛋白粉）

原料名称	含量（%）	营养素名称	营养含量（%）
玉米	65.12	代谢能（kcal/kg）	12.78
豆粕	23.20	粗蛋白（%）	18.02
棉籽粕	6.00	钙（%）	0.88
玉米蛋白粉	2.00	可利用磷（%）	0.36
磷酸氢钙	1.44	赖氨酸（%）	0.90
石粉	1.00	蛋氨酸（%）	0.37
食盐	0.24	蛋＋胱氨酸（%）	0.72
预混料	1.00		

配方 257　（主要蛋白原料为豆粕、棉籽粕、DDGS）

原料名称	含量（%）	营养素名称	营养含量（%）
玉米	50.00	代谢能（kcal/kg）	2 950
豆粕	19.00	粗蛋白（%）	18.01
次粉	6.00	钙（%）	0.96
米糠	9.00	可利用磷（%）	0.38
棉籽粕	6.32	赖氨酸（%）	1.00
DDGS	2.00	蛋氨酸（%）	0.39
石粉	1.66	蛋+胱氨酸（%）	0.76
磷酸氢钙	1.00		
食盐	0.30		
油	3.40		
氯化胆碱	0.08		
蛋氨酸	0.16		
赖氨酸	0.08		
预混料	1.00		

配方 258　（主要蛋白原料为豆粕、棉籽粕、DDGS）

原料名称	含量（%）	营养素名称	营养含量（%）
玉米	50.00	代谢能（kcal/kg）	2 900
豆粕	19.00	粗蛋白（%）	18.05
次粉	8.00	钙（%）	0.96
米糠	8.21	可利用磷（%）	0.39
棉籽粕	6.00	赖氨酸（%）	1.00
DDGS	2.00	蛋氨酸（%）	0.39
石粉	1.66	蛋+胱氨酸（%）	0.76
磷酸氢钙	1.00		
食盐	0.30		
油	2.50		
氯化胆碱	0.08		
蛋氨酸	0.16		
赖氨酸	0.09		
预混料	1.00		

配方 259　（主要蛋白原料为豆粕、膨化全脂大豆、米糠粕、
　　　　　　DDGS、玉米蛋白粉）

原料名称	含量（%）	营养素名称	营养含量（%）
玉米	63.00	代谢能（kcal/kg）	2 961
豆粕	8.00	粗蛋白（%）	17.00
膨化全脂大豆	8.00	钙（%）	0.80
米糠粕	6.00	可利用磷（%）	0.36
DDGS	6.00	赖氨酸（%）	0.98
玉米蛋白粉	5.00	蛋+胱氨酸（%）	0.73
磷酸氢钙	1.00		
石粉	0.50		
食盐	0.30		
预混料	2.20		

3.4　玉米—杂粮型（配方 260～261）

配方 260　（主要蛋白原料为玉米蛋白粉、棉籽粕、米糠粕）

原料名称	含量（%）	营养素名称	营养含量（%）
玉米	46.85	代谢能（kcal/kg）	2 820
玉米蛋白粉	18.00	粗蛋白（%）	16.04
次粉	7.00	钙（%）	0.86
棉籽粕	6.00	可利用磷（%）	0.41
麸皮	8.00	赖氨酸（%）	0.82
米糠粕	10.00	蛋氨酸（%）	0.40
骨粉	1.00	蛋+胱氨酸（%）	0.75
石粉	1.10		
磷酸氢钙	1.00		
赖氨酸	0.47		
液体蛋氨酸	0.14		
50%氯化胆碱	0.05		
食盐	0.25		
多维预混料	0.02		
微量元素预混料	0.12		

配方 261 （主要蛋白原料为豆粕、去皮豆粕、棉籽粕、菜籽粕、花生粕、玉米蛋白粉、DDGS、鱼粉、肉骨粉）

原料名称	含量（%）	营养素名称	营养含量（%）
玉米	67.05	代谢能（kcal/kg）	2 870
去皮豆粕	2.48	粗蛋白（%）	17.20
次粉	5.00	钙（%）	0.73
棉籽粕	4.00	可利用磷（%）	0.30
菜籽粕	3.00	赖氨酸（%）	0.91
花生粕	3.60	蛋氨酸（%）	0.34
玉米蛋白粉	4.00	蛋+胱氨酸（%）	0.60
DDGS	4.00		
鱼粉	1.50		
肉骨粉	1.00		
猪油	1.81		
磷酸氢钙	0.30		
石粉	0.90		
食盐	0.30		
氯化胆碱	0.06		
赖氨酸	0.62		
蛋氨酸	0.07		
植酸酶	0.01		
预混料	0.30		

3.5　小麦—豆粕型（配方 262~267）

配方 262 （主要蛋白原料为豆粕）

原料名称	含量（%）	营养素名称	营养含量（%）
小麦	78.66	代谢能（kcal/kg）	2 868
大豆粕	16.22	粗蛋白（%）	18.52
豆油	1.22	钙（%）	0.83
磷酸氢钙	0.60	可利用磷（%）	0.34
石粉	1.60	赖氨酸（%）	0.90
食盐	0.30	蛋氨酸（%）	0.39

原料名称	含量（%）	营养素名称	营养含量（%）
赖氨酸盐酸盐	0.28	蛋氨酸+胱氨酸（%）	0.67
蛋氨酸	0.12		
1%预混料	1.00		

配方 263　（主要蛋白原料为豆粕）

原料名称	含量（%）	营养素名称	营养含量（%）
小麦	50.00	代谢能（kcal/kg）	2 910
米糠	30.07	粗蛋白（%）	18.22
豆粕	15.31	钙（%）	1.10
石粉	1.68	可利用磷（%）	0.40
磷酸氢钙	1.58	赖氨酸（%）	0.85
食盐	0.37	蛋氨酸（%）	0.31
预混料	1.00	蛋+胱氨酸（%）	0.62

配方 264　（主要蛋白原料为豆粕、鱼粉、玉米蛋白粉）

原料名称	含量（%）	营养素名称	营养含量（%）
小麦	50.50	代谢能（kcal/kg）	3 055
玉米	22.70	粗蛋白（%）	18.11
豆粕	16.14	钙（%）	0.81
进口鱼粉	3.00	可利用磷（%）	0.36
玉米蛋白粉	1.30	赖氨酸（%）	0.89
混合油	3.20	蛋氨酸（%）	0.35
磷酸氢钙	0.50	蛋+胱氨酸（%）	0.63
石粉	1.26		
食盐	0.20		
蛋氨酸	0.02		
赖氨酸	0.18		
预混料	1.00		

配方 265 （主要蛋白原料为豆粕、鱼粉）

原料名称	含量（%）	营养素名称	营养含量（%）
小麦	62.30	代谢能（kcal/kg）	3 080
玉米	12.50	粗蛋白（%）	18.46
豆粕	17.50	钙（%）	0.80
鱼粉	2.00	可利用磷（%）	0.31
豆油	3.00	赖氨酸（%）	0.85
石粉	1.10	蛋氨酸（%）	0.32
磷酸氢钙	0.70	蛋+胱氨酸（%）	0.68
食盐	0.30		
赖氨酸	0.10		
蛋氨酸	0.01		
50%氯化胆碱	0.10		
酶制剂	0.05		
预混料	0.33		

配方 266 （主要蛋白原料为豆粕、DDGS、玉米蛋白粉、棉籽粕）

原料名称	含量（%）	营养素名称	营养含量（%）
小麦	50.00	代谢能（kcal/kg）	3 160
玉米	23.40	粗蛋白（%）	18.00
豆粕	14.00	钙（%）	0.94
DDGS	4.00	可利用磷（%）	0.35
玉米蛋白粉	2.60	赖氨酸（%）	0.92
棉籽粕	2.00	蛋氨酸（%）	0.41
预混料	4.00	蛋+胱氨酸（%）	0.83

配方 267 （主要蛋白原料为豆粕、棉籽粕、玉米蛋白粉）

原料名称	含量（%）	营养素名称	营养含量（%）
小麦	38.00	代谢能（kcal/kg）	12.78
玉米	29.60	粗蛋白（%）	18.02
豆粕	19.20	钙（%）	0.88
棉籽粕	6.00	可利用磷（%）	0.37
玉米蛋白粉	3.52	赖氨酸（%）	0.89

原料名称	含量（%）	营养素名称	营养含量（%）
磷酸氢钙	1.32	蛋氨酸（%）	0.37
石粉	1.12	蛋＋胱氨酸（%）	0.71
食盐	0.24		
预混料	1.00		

3.6 杂原料配方（配方 268~271）

配方 268 （主要能量原料为大麦、玉米，蛋白原料为豆粕、鱼粉）

原料名称	含量（%）	营养素名称	营养含量（%）
大麦	50.00	代谢能（kcal/kg）	2 800
玉米	21.55	粗蛋白（%）	18.13
豆粕	20.20	钙（%）	0.81
国产鱼粉	3.00	可利用磷（%）	0.43
豆油	2.00	赖氨酸（%）	0.86
磷酸氢钙	1.65	蛋氨酸（%）	0.36
石粉	0.50	蛋＋胱氨酸（%）	0.61
DL-蛋氨酸	0.08		
酶制剂	0.02		
预混料	1.00		

配方 269 （主要蛋白原料为全脂大豆、玉米蛋白粉、豆粕、喷雾血粉、苜蓿粉）

原料名称	含量（%）	营养素名称	营养含量（%）
玉米	66.59	代谢能（kcal/kg）	3 198
全脂大豆	15.64	粗蛋白（%）	18.00
玉米蛋白粉	4.84	钙（%）	0.80
豆粕	3.48	可利用磷（%）	0.39
喷雾血粉	2.61	赖氨酸（%）	0.85
苜蓿粉	1.74	蛋＋胱氨酸（%）	0.61
植物油	1.68		
磷酸氢钙	2.10		

原料名称	含量（%）	营养素名称	营养含量（%）
石粉	0.58		
食盐	0.25		
蛋氨酸	0.14		
预混料	0.35		

配方 270　（主要能量原料为小麦、玉米、碎米，主要蛋白原料为豆粕、米糠粕、鱼粉）

原料名称	含量（%）	营养素名称	营养含量（%）
玉米	12.00	代谢能（kcal/kg）	2 775
小麦	25.00	粗蛋白（%）	16.90
碎米	11.00	钙（%）	0.99
豆粕	13.00	可利用磷（%）	1.00
米糠粕	9.00	赖氨酸（%）	0.90
麸皮	14.00	蛋氨酸（%）	0.30
鱼粉	5.00	蛋+胱氨酸（%）	0.57
骨粉	8.00		
食盐	2.00		
预混料	1.00		

配方 271　（主要能量原料为糙米，主要蛋白原料为豆粕、鱼粉）

原料名称	含量（%）	营养素名称	营养含量（%）
糙米	62.00	代谢能（kcal/kg）	2 850
麸皮	10.00	粗蛋白（%）	18.67
豆粕	22.00	钙（%）	0.83
鱼粉	3.00	可利用磷（%）	0.41
磷酸氢钙	0.70	赖氨酸（%）	0.90
石粉	1.00	蛋氨酸（%）	0.30
食盐	0.30	蛋+胱氨酸（%）	0.60
预混料	1.00		

4 部分品种参考配方

4.1 黄羽肉鸡（配方 271～275）

配方 271～272　（主要蛋白原料为豆粕、玉米蛋白粉、菜籽粕、棉籽粕、鱼粉）

原料名称	1～4周	5～8周	营养素名称	0～3周	4～6周
玉米	49.94	44.51	代谢能（kcal/kg）	2 897	2 998
次粉	7.00	8.00	粗蛋白（%）	19.50	18.45
豆粕	20.55	9.98	钙（%）	0.90	0.90
油糠	6.00	12.00	可利用磷（%）	0.35	0.38
玉米蛋白粉	3.00	3.00	赖氨酸（%）	1.09	0.94
菜籽粕	3.00	6.00	蛋氨酸（%）	0.50	0.39
棉籽粕	3.00	6.00	蛋＋胱氨酸（%）	0.85	0.73
鱼粉	1.00	2.00			
动植物混合油	2.08	4.37			
磷酸氢钙	1.05	1.11			
石粉	1.50	1.36			
赖氨酸	0.28	0.20			
蛋氨酸	0.17	0.07			
食盐	0.31	0.30			
50%氯化胆碱	0.12	0.10			
预混料	1.00	1.00			

配方 273～275　（主要蛋白原料为鱼粉、大豆分离蛋白、玉米蛋白粉）

原料名称	1～21天	22～42天	43～63天	营养素名称	1～21天	22～42天	43～63天
玉米	67.10	70.80	44.51	代谢能（kcal/kg）	2 950	3 050	3 150
麦麸	3.50	4.40	4.40	粗蛋白（%）	21.00	19.00	17.00
鱼粉	4.00	3.80	3.00	钙（%）	1.00	0.90	0.80
大豆分离蛋白	9.10	8.00	6.90	可利用磷（%）	0.45	0.40	0.35
玉米蛋白粉	2.00	4.00	5.00	赖氨酸（%）	1.09	0.94	0.85
豆油	—	1.00	1.80	蛋氨酸（%）	0.45	0.40	0.34
磷酸氢钙	1.20	0.96	1.04	蛋＋胱氨酸（%）	0.79	0.72	0.64

续表

原料名称	1 ~ 21 天	22 ~ 42 天	43 ~ 63 天	营养素名称	1 ~ 21 天	22 ~ 42 天	43 ~ 63 天
石粉	1.32	1.28	1.15				
赖氨酸	0.02	0.13	0.20				
蛋氨酸	0.08	0.05	0.04				
食盐	0.28	0.28	0.27				
预混料	1.00	1.00	1.00				

4.2　北京油鸡（配方 276 ~ 281）

配方 276 ~ 278 （主要蛋白原料为豆粕、花生粕）

原料名称	0 ~ 6 周	7 ~ 12 周	12 周以上
玉米	65.40	71.20	77.00
豆粕	22.60	16.80	11.00
花生粕	8.00	8.00	8.00
预混料	4.00	4.00	4.00
营养素含量	1 ~ 21 天	22 ~ 42 天	43 ~ 63 天
代谢能（kcal/kg）	2 846	2 902	2 957
粗蛋白（%）	19.23	17.15	15.14
钙（%）	0.83	0.85	0.94
可利用磷（%）	0.42	0.42	0.48
赖氨酸（%）	0.87	0.69	0.57
蛋氨酸（%）	0.31	0.34	0.39
蛋 + 胱氨酸（%）	0.60	0.65	0.73

配方 279 ~ 281 （主要蛋白原料为豆粕、棉籽粕、菜籽粕、花生粕）

原料名称	1 ~ 21 天	22 ~ 42 天	43 ~ 63 天	营养素名称	1 ~ 21 天	22 ~ 42 天	43 ~ 63 天
玉米	54.75	57.50	60.00	代谢能(kcal/kg)	2 850	2 900	2 950
豆粕	19.25	14.00	10.00	粗蛋白（%）	19.20	17.15	15.05
次粉	9.00	12.00	12.00	钙（%）	0.95	0.90	0.78
麦麸	5.00	3.00	7.50	可利用磷（%）	0.43	0.40	0.34
棉籽粕	3.50	3.00	2.50	赖氨酸（%）	1.02	0.95	0.80
菜籽粕	2.00	4.50	2.00	蛋氨酸（%）	0.40	0.38	0.33
花生粕	2.50	2.00	2.00	蛋 + 胱氨酸(%)	0.82	0.74	0.63
预混料	4.00	4.00	4.00				

5 国外参考配方

5.1 美国（配方 282～287）

配方 282～284（能量原料为玉米，主要蛋白来源为豆粕、禽肉粉）

原料名称	1～2周	3～4周	5～6周	营养素名称	1～2周	3～4周	5～6周
玉米	59.90	66.78	73.27	代谢能(kcal/kg)	3 200	3 200	3 200
豆粕	27.40	22.20	16.90	粗蛋白(%)	22.00	20.00	18.00
禽肉粉	5.00	5.00	5.00	钙(%)	1.00	0.90	0.80
禽油	3.90	2.86	2.00	可利用磷(%)	0.45	0.35	0.30
石粉	1.20	1.23	1.13	赖氨酸(%)	1.20	1.05	0.90
磷酸氢钙	1.43	0.90	0.65	蛋氨酸(%)	0.50	0.41	0.38
食盐	0.40	0.36	0.37	蛋+胱氨酸(%)	0.95	0.80	0.75
DL-蛋氨酸	0.18	0.08	0.09				
氯化胆碱(60%)	0.20	0.20	0.20				
赖氨酸盐酸盐	0.04	0.04	0.04				
预混料	0.35	0.35	0.35				

配方 285～287（能量原料为小黑麦，主要蛋白来源为豆粕、禽肉粉）

原料名称	1～2周	3～4周	5～6周	营养素名称	1～2周	3～4周	5～6周
小黑麦	58.04	64.71	70.97	代谢能(kcal/kg)	3 200	3 200	3 200
豆粕	27.80	22.60	17.40	粗蛋白(%)	22.00	20.00	18.00
禽肉粉	5.00	5.00	5.00	钙(%)	1.00	0.90	0.80
禽油	5.46	4.62	3.91	可利用磷(%)	0.45	0.35	0.30
石粉	1.17	1.21	1.10	赖氨酸(%)	1.20	1.06	0.90
磷酸氢钙	1.34	0.81	0.55	蛋氨酸(%)	0.50	0.41	0.38
食盐	0.34	0.30	0.31	蛋+胱氨酸(%)	0.95	0.80	0.75
DL-蛋氨酸	0.20	0.10	0.11				
氯化胆碱(60%)	0.20	0.20	0.20				
复合酶制剂	0.10	0.10	0.10				
预混料	0.35	0.35	0.35				

5.2　巴西（配方 288~292）

配方 288~289　（能量原料为玉米、高粱，主要蛋白原料为豆粕、禽肉粉、肉骨粉、水解羽毛粉）

原料名称	0~3 周	4~6 周	营养素名称	0~3 周	4~6 周
玉米	29.23	32.96	代谢能（kcal/kg）	3 050	3 100
高粱	25.00	23.60	粗蛋白（%）	22.10	20.20
豆粕	28.90	23.00	钙（%）	0.95	0.90
米糠	4.00	7.00	可利用磷（%）	0.44	0.41
禽肉粉	4.00	4.00	赖氨酸（%）	1.17	1.05
肉骨粉	2.90	2.50	蛋氨酸（%）	0.50	0.41
水解羽毛粉	1.00	1.50	蛋+胱氨酸（%）	0.94	0.84
玉米淀粉	0.11	0.09			
豆油	3.13	3.54			
石粉	0.50	0.57			
赖氨酸	0.06	0.07			
蛋氨酸	0.22	0.16			
食盐	0.24	0.25			
预混料	0.71	0.67			

配方 290~292　（能量原料为玉米、小米，主要蛋白原料为豆粕、葵花粕、菜籽粕）

原料名称	1 周	2~3 周	4~6 周	营养素名称	1 周	2~3 周	4~6 周
玉米	40.58	31.26	24.51	代谢能（kcal/kg）	2 910	2 965	3 090
小米	10.14	15.60	24.43	粗蛋白（%）	23.15	21.76	19.30
豆粕	41.79	29.46	20.36	钙（%）	0.80	0.75	0.65
葵花粕	—	7.37	10.18	可利用磷（%）	0.33	0.30	0.25
菜籽粕	—	7.37	10.18	赖氨酸（%）	1.35	125	1.12
豆油	3.19	5.28	7.16	蛋氨酸（%）	0.52	0.43	0.39
石粉	1.44	1.19	1.08	蛋+胱氨酸（%）	0.95	0.89	0.82
磷酸氢钙	1.15	0.80	0.52				
食盐	0.55	0.46	0.39				
赖氨酸	0.22	0.32	0.36				
蛋氨酸	0.36	0.29	0.23				
苏氨酸	0.08	0.10	0.10				
复合酶	0.10	0.10	0.10				
预混料	0.40	0.40	0.40				

5.3 澳大利亚（配方 293～298）

配方 293～295 （能量原料为高粱，主要蛋白原料为豆粕、菜籽粕）

原料名称	1～2 周	3～4 周	5～6 周	营养素名称	1～2 周	3～4 周	5～6 周
高粱	60.53	65.55	64.94	代谢能（kcal/kg）	2 950	2 987	3 000
豆粕	27.26	19.28	20.00	粗蛋白（%）	22.00	20.00	20.00
菜籽粕	7.00	10.00	10.00	钙（%）	0.94	0.90	0.90
植物油	0.93	0.86	1.21	可利用磷（%）	0.59	0.55	0.52
石粉	0.78	0.79	0.89	赖氨酸（%）	1.33	1.26	1.14
磷酸氢钙	1.90	1.73	1.54	蛋氨酸（%）	0.66	0.68	0.62
食盐	0.16	0.13	0.18	蛋+胱氨酸（%）	1.22	1.27	1.18
碳酸氢钠	0.32	0.30	0.22				
DL-蛋氨酸	0.35	0.39	0.33				
苏氨酸	0.10	0.17	0.08				
赖氨酸盐酸盐	0.27	0.40	0.21				
复合酶	0.05	0.05	0.05				
预混料	0.35	0.35	0.35				

配方 296～298 （能量原料为小麦，主要蛋白原料为豆粕、菜籽粕）

原料名称	1～2 周	3～4 周	5～6 周	营养素名称	1～2 周	3～4 周	5～6 周
小麦	63.06	69.46	69.02	代谢能（kcal/kg）	2 950	2 987	3 000
豆粕	21.20	12.03	12.60	粗蛋白（%）	22.00	20.05	20.00
菜籽粕	7.00	10.00	10.00	钙（%）	1.05	0.90	0.90
植物油	4.14	4.12	4.42	可利用磷（%）	0.59	0.55	0.52
石粉	1.09	0.81	0.92	赖氨酸（%）	1.33	1.26	1.14
磷酸氢钙	1.88	1.72	1.53	蛋氨酸（%）	0.60	0.62	0.56
食盐	0.13	0.09	0.14	蛋+胱氨酸（%）	1.18	1.20	1.10
碳酸氢钠	0.37	0.37	0.30				
DL-蛋氨酸	0.27	0.31	0.25				
苏氨酸	0.12	0.20	0.11				
赖氨酸盐酸盐	0.34	0.49	0.31				
复合酶	0.05	0.05	0.05				
预混料	0.35	0.35	0.35				

5.4　南非（配方 299～300）

配方 299～300　（能量原料为玉米，主要蛋白原料为去皮羽扇豆粉、
　　　　　　　　　大豆饼、鱼粉、葵花饼、玉米蛋白粉）

原料名称	1～3 周	4～6 周	营养素名称	0～3 周	4～6 周
玉米	42.65	50.65	代谢能（kcal/kg）	2 920	2 960
去皮羽扇豆粉	17.00	17.40	粗蛋白(%)	25.94	22.76
大豆饼	11.32	12.87	钙（%）	0.98	0.88
鱼粉	8.85	5.98	可利用磷（%）	0.45	0.41
葵花饼	8.75	2.15	赖氨酸（%）	1.11	0.96
玉米蛋白粉	2.21	1.50	蛋氨酸（%）	0.80	0.71
葵花油	5.92	5.97	蛋＋胱氨酸（%）	1.25	1.13
磷酸氢钙	1.15	1.21			
石粉	1.00	1.05			
赖氨酸		0.03			
蛋氨酸	0.48	0.47			
食盐	0.10	0.24			
碳酸氢钠	0.22	0.13			
预混料	0.35	0.35			

5.5　意大利（配方 301～304）

配方 301～304　（能量原料为小麦、高粱、玉米，主要蛋白原料为
　　　　　　　　　膨化大豆、豆粕）

原料名称	1～14 天	15～28 天	29～42 天	43～49 天
小麦	28	27.71	28.1	28
高粱	10	11	10.5	10.4
玉米	25.52	24.52	25	24.52
膨化大豆	12.53	12.8	13.9	15
豆粕	20	20	18.7	18.6
赖氨酸盐酸盐	0.3	0.3	0.27	0.16
DL-蛋氨酸	0.22	0.22	0.28	0.26
石粉	0.85	0.85	0.85	0.66
磷酸氢钙	1.72	1.72	1.54	1.54
碳酸氢钠	0.2	0.2	0.2	0.2
食盐	0.16	0.16	0.16	0.16

原料名称	1～14 天	15～28 天	29～42 天	43～49 天
预混料	0.5	0.5	0.5	0.5
营养素名称	1～14 天	15～28 天	29～42 天	43～49 天
代谢能(kcal/kg)	3 090	3 150	3 200	3 350
粗蛋白（%）	23	22.5	21.4	19
钙（%）	1.00	0.90	0.90	0.85
可利用磷（%）	0.50	0.45	0.45	0.42
赖氨酸（%）	1.44	1.20	1.00	0.95
蛋氨酸（%）	0.51	0.44	0.37	0.36
蛋＋胱氨酸(%)	1.05	0.90	0.79	0.75

5.6 西班牙（配方 305～306）

配方 305～306 （能量原料为小麦、玉米，主要蛋白原料为豆粕、鱼粉）

原料名称	1～3 周	4～6 周	营养素名称	1～3 周	4～6 周
小麦	34.22	50.57	代谢能（kcal/kg）	2 860	3 010
玉米	20.00	10.00	粗蛋白(%)	23.87	20.82
豆粕	33.45	27.30	钙（%）	1.02	0.95
鱼粉	4.01	1.87	可利用磷（%）	0.48	0.42
豆油	4.48	6.35	赖氨酸（%）	1.45	1.22
石粉	0.83	0.87	蛋氨酸（%）	0.53	0.49
磷酸氢钙	1.34	1.36	蛋＋胱氨酸（%）	1.09	0.95
小苏打	0.1	0.3			
食盐	0.26	0.12			
赖氨酸	0.30	0.31			
蛋氨酸	0.34	0.30			
50% 氯化胆碱	0.09	0.07			
苏氨酸	0.03	0.03			
酶制剂	0.40	0.40			
预混料	0.15	0.15			

主要参考文献

李德发，龚利敏．配合饲料制造工艺与技术．北京：中国农业大学出版社，2009

齐广海等．饲料配制技术手册．北京：中国农业出版社，2000

齐广海等．饲料原料技术问答．北京：中国农业科学技术出版社，2000

武书庚．饲料加工与调制问答．北京：中国农业出版社，2008

呙于明，齐广海．家禽营养（第二版）．北京：中国农业大学出版社，2004

于会民．猪饲料配方技术问答．北京：中国农业科学技术出版社，2001

王成章，王恬．饲料学．北京：中国农业出版社，2003

周安国，陈德．猪鸡饲料配制技术．北京：中国农业出版社，2000

张子仪．中国饲料学．北京：中国农业出版社，2000

冯定远．配合饲料学．北京：中国农业出版社，2003

陈代文．动物营养与饲料学．北京：中国农业出版社，2005

赵义斌，胡令浩．动物营养学（第四版）．兰州：甘肃民族出版社，1992

南京农学院．饲料生产学（第一版）．北京：中国农业出版社，1980

高华杰，熊本海，符林升．肉鸡饲养营养需要及配方技术研究进展．中国饲料．2009，3：20～23